JN234276

基礎信号処理
―AV機器のディジタルフィルター

小島正典 著

米田出版

序　文

　近年のインフォメーション・テクノロジーの発達はめざましく、どの家庭にもマイコンを組み込んだ製品がある。マイコンを数えあげると、時計からパソコンに至るまで100を超えるであろう。日常生活は、コンピュータ抜きでは考えられなくなっている。このようなコンピュータエージの到来には、1947年に発明されたトランジスタや、それに続く集積回路が大きく寄与したのである。
　ラジオやテレビの性能向上は、トランジスタを使ったアナログ回路による信号処理によるところが大きい。またコンピュータも、ダイオードやトランジスタを使ったディジタル回路によって実用化が進んだ。集積回路が発達するとディジタル回路で信号処理が可能になり、CDプレーヤや映像メモリーを持ったVTRのようにディジタル信号処理の特長を活かした製品が生み出された。そして現在は、マイコンやシステムLSIで携帯電話、デジタルカメラ、ＡＶ機器などの信号処理が行われている。
　そこで、本書は身近になってきたＡＶ機器のディジタルフィルタを例にとり、信号処理の基礎を解説した。信号処理の方法には、アナログ回路処理からディジタル回路処理への変換、ディジタル回路処理、ソフトウェアによる処理の3つのアプローチがある。本書では、ブロック図やシグナルフローによるディジタル回路処理をベースに解説しているので、アナログやソフトウェアとの関連が付けやすい。また、読者の理解を助けるため各章末には計算の節を設けて、数値計算の例題や、応用例の解析計算を示した。
　第1章では、まず映像信号の構成と波形の表示方法および映像の表示方法を学び、信号の取り扱い方の要点を把握する。
　第2章では、映像信号も正弦波の集合であるとして、正弦波の取り扱い方を学ぶ。正弦波を複素数表示すると振幅と位相を表示できる。また、信号の成分はフーリエ級数で知ることができ、これによりスペクトル表示ができる。
　第3章では、アナログ信号をディジタル信号に変換するAD変換と、逆の

序文

DA変換を学ぶ。AD変換された信号をディジタル信号処理してDA変換すると、所望の機能の信号処理システムが構成されるので、映像や音声のディジタル信号処理の第一歩といえる。

第4章と第5章では、ディジタル信号処理として基本的な、ディジタルフィルタの構成と周波数応答およびその応用を学ぶ。応用例として映像信号のYC分離をあげて、1次FIRと2次FIRで実現する方法を示す。

第6～第8章では、さらに高度な高次FIR、IIR、IIR・FIR複合フィルタを学ぶ。応用例として、映像信号と音声信号のフィルタの双方を取り上げる。

第9章では、フィルタの波形応答を学ぶ。畳込みによって波形応答を取り扱い、表計算で応答を求める。

第10章では、空間フィルタを学ぶ。信号は時間で変化する情報であるが、映像は空間の位置で変化する情報である。この観点から応用例として映像の2次元YC分離を説明する。

第11章では、信号の発生を学ぶ。フィルタによる動作説明を中心としているが、鋸波の発生やこれを正弦波に変換する非線形処理が新しく登場する。

第12章では、変調・復調を学ぶ。AMとFMの変復調は一般的な乗算を使い、QPSKなどではシンプルな4相クロックによる方法で解説する。

第13章では、DCTを学ぶ。MPEGなど映像の圧縮で必須の処理である。フーリエ級数を離散的に求めているが、その結果はフィルタになることを示す。

このような構成によって、ディジタル信号処理の基礎事項がフィルタを中心に学習できるように配慮した。本書を足がかりに基礎を修得したうえで、フィルタの設計法、フーリエ変換の応用、画像圧縮などさらに高度な信号処理にチャレンジされんことを期待する。

本書を出版するにあたり、「基礎アナログ回路」（米田出版）の共著者であり、今回編集にご協力いただいた高田豊氏にお礼申し上げます。本書中の230葉以上にのぼる作図と、数式のインプット、さらにカバーのデザインまでお願いしました。本書を出版することができたのは、氏の八面六臂の編集によるものと感謝します。

2003年8月

小島正典

目　次

序　文

第1章　信号の表示 ……………………………………… 1

1.1　モールス符号と表示　1
  1.1.1　信号の構成方法　1
  1.1.2　波形の表示　2
1.2　映像信号の走査と表示　3
  1.2.1　映像信号の表示　3
  1.2.2　水平走査と同期信号　5
  1.2.3　垂直走査と同期信号　5
1.3　RGB画像の構成と表示　7
  1.3.1　RGB画像の表示　7
  1.3.2　RGB画像の構成　8
  1.3.3　同期信号　11
1.4　カラー映像信号の構成と表示　12
  1.4.1　カラー映像信号の伝送　12
  1.4.2　カラー映像信号の波形　12
  1.4.3　色差信号　13
  1.4.4　色信号　14
1.5　信号の表示に関する計算　15
  1.5.1　パルス波形の計算　15
  1.5.2　映像信号波形の計算　16
  1.5.3　RGB信号波形の計算　17
  1.5.4　カラー映像信号波形の計算　18

第2章 正弦波の表示 —————————————— 21

- 2.1 複素数表示 *21*
  - 2.1.1 正弦波の波形 *21*
  - 2.1.2 複素数平面 *23*
- 2.2 伝達関数 *24*
  - 2.2.1 ゲインのベクトル表示 *24*
  - 2.2.2 伝達関数のベクトル表示 *25*
- 2.3 フーリエ級数 *26*
  - 2.3.1 波形の合成 *26*
  - 2.3.2 波形の分析 *28*
- 2.4 正弦波の表示に関する計算 *31*
  - 2.4.1 複素数平面の計算 *31*
  - 2.4.2 伝達関数の計算 *31*
  - 2.4.3 フーリエ級数の計算 *32*

第3章 AD変換 DA変換 —————————————— 33

- 3.1 AD変換 *33*
  - 3.1.1 映像信号のAD変換 *33*
  - 3.1.2 サンプリング *34*
  - 3.1.3 量子化 *37*
  - 3.1.4 符号化 *38*
- 3.2 符号処理とDA変換 *39*
  - 3.2.1 符号の付加 *39*
  - 3.2.2 DA変換 *41*
- 3.3 AD変換 DA変換の計算 *43*
  - 3.3.1 AD変換の計算 *43*
  - 3.3.2 符号付加とDA変換の計算 *44*
  - 3.3.3 CDのディジタル音声信号 *45*

第4章 1次FIRの周波数応答 —————————————— 47

- 4.1 遅延フィルタ *47*

4.1.1　遅延の方法　*47*
　　　4.1.2　遅延フィルタの伝達関数　*48*
　　　4.1.3　多段の遅延　*49*
　　　4.1.4　遅延の周波数特性　*50*
　4.2　1次 LPF　*51*
　　　4.2.1　基本 LPF　*51*
　　　4.2.2　多段遅延1次 LPF　*53*
　4.3　1次 HPF　*55*
　　　4.3.1　基本 HPF　*55*
　　　4.3.2　多段遅延1次 HPF　*57*
　4.4　1次 FIR の周波数応答に関する計算　*59*
　　　4.4.1　遅延フィルタの計算　*59*
　　　4.4.2　1次 LPF の計算　*60*
　　　4.4.3　1次 HPF の計算　*60*
　　　4.4.4　音声信号のフィルタ　*61*

第5章　2次 FIR の周波数応答　*63*

　5.1　2次 FIR の構成と伝達関数　*63*
　　　5.1.1　2次 FIR の構成　*63*
　　　5.1.2　2次 FIR の伝達関数　*63*
　5.2　2次 LPF　*64*
　　　5.2.1　2次 LPF の構成　*64*
　　　5.2.2　2次 LPF の周波数特性　*64*
　5.3　2次 HPF の構成と伝達関数　*65*
　　　5.3.1　2次 HPF の構成　*65*
　　　5.3.2　2次 LPF の周波数特性　*66*
　5.4　ノッチフィルタ　*67*
　　　5.4.1　ノッチフィルタの構成　*67*
　　　5.4.2　ノッチフィルタの周波数特性　*68*
　　　5.4.3　YC 分離フィルタと妨害除去　*69*
　5.5　2次 FIR の周波数特性に関する計算　*71*

5.5.1　2次LPFの周波数特性の計算　71
　　5.5.2　2次HPFの周波数特性の計算　71
　　5.5.3　ノッチフィルタの周波数特性の計算　72

第6章　高次FIRの周波数応答　73
6.1　フィルタの縦続接続　73
　　6.1.1　縦続接続の伝達関数　73
　　6.1.2　縦続接続のゲインと位相　73
　　6.1.3　1次LPFの縦続接続　74
　　6.1.4　1次HPFの縦続接続　75
　　6.1.5　LPFとHPFの縦続接続　75
6.2　ブーストフィルタ　76
　　6.2.1　ローブーストフィルタ　76
　　6.2.2　HPFの帯域拡張　77
　　6.2.3　ハイブーストフィルタ　78
　　6.2.4　LPFの帯域拡張　79
　　6.2.5　バンドブーストフィルタ　79
6.3　縦続ノッチフィルタ　81
　　6.3.1　ローパスノッチ　81
　　6.3.2　ハイパスノッチ　82
　　6.3.3　バンドパスノッチ　84
6.4　高次FIRの計算　84
　　6.4.1　帯域拡張したHPFにおける正規化ゲインの帯域　84
　　6.4.2　ローパスノッチのサイドローブ　86

第7章　IIRの周波数応答　89
7.1　1次IIR　89
　　7.1.1　1次IIRの構成と伝達関数　89
　　7.1.2　ローブーストIIR　90
　　7.1.3　ハイブーストIIR　91
　　7.1.4　バンドブーストIIR　92

7.1.5　ハイローブースト IIR　*93*

7.2　2次 IIR　*94*
   7.2.1　2次 IIR の構成と伝達関数　*94*
   7.2.2　2次 IIR の周波数特性　*95*

7.3　IIR の周波数応答に関する計算　*96*
   7.3.1　ローブースト IIR の計算　*96*
   7.3.2　バンドブースト IIR の計算　*96*
   7.3.3　2次 IIR の計算　*97*

第8章　複合フィルタの周波数応答 —— *99*

8.1　1次 IIR・FIR 複合フィルタ　*99*
   8.1.1　1次 IIR・FIR 複合フィルタの構成と伝達関数　*99*
   8.1.2　双1次ハイブーストフィルタ　*100*
   8.1.3　双1次ローブーストフィルタ　*101*
   8.1.4　広帯域 HPF　*102*
   8.1.5　広帯域 LPF　*103*
   8.1.6　広帯域 BPF　*104*

8.2　2次 IIR・FIR 複合フィルタ　*106*
   8.2.1　2次 IIR・FIR 複合 HPF　*106*
   8.2.2　2次 IIR・FIR 複合 LPF　*107*
   8.2.3　2次 IIR・FIR 複合 BPF　*108*
   8.2.4　ノッチ付き2次 IIR　*109*

8.3　フィルタの分類　*111*
   8.3.1　バターワース　*111*
   8.3.2　チェビシェフ　*112*
   8.3.3　逆チェビシェフ　*113*
   8.3.4　連立チェビシェフ　*114*

8.4　複合フィルタの計算　*115*
   8.4.1　VHS 方式 VTR の FM プリエンファシス　*115*
   8.4.2　VHS 方式 VTR の音声再生イコライザ　*116*

第9章　フィルタの波形応答 ―― 119

9.1　畳込み　119
　9.1.1　z^{-1} を使った波形の表示　119
　9.1.2　任意波形に対する出力応答と畳込み　120
9.2　インパルス応答　121
　9.2.1　インパルス　121
　9.2.2　インパルス応答の波形　121
9.3　ステップ応答　122
　9.3.1　1次 LPF のステップ応答　122
　9.3.2　1次 HPF のステップ応答　123
　9.3.3　ローブースト IIR のステップ応答　123
　9.3.4　ハイブースト IIR のステップ応答　124
9.4　波形応答の表計算方法　125
　9.4.1　1次 IIR の表計算　125
　9.4.2　2次 IIR の表計算　127
9.5　波形応答の計算　128
　9.5.1　伝達関数が既知の場合のインパルス応答　128
　9.5.2　インパルス応答が既知の場合の伝達関数　129

第10章　空間フィルタ ―― 131

10.1　1次元フィルタ　131
　10.1.1　1次元の画素と波形　131
　10.1.2　移動平均の構成　132
　10.1.3　ステップ信号の移動平均　133
　10.1.4　パルスノイズの移動平均　133
　10.1.5　メディアンフィルタの構成と働き　134
　10.1.6　メディアンフィルタによるパルスノイズの除去　135
　10.1.7　メディアンフィルタによるステップ信号の遅延　136
10.2　2次元フィルタ　136
　10.2.1　1次元フィルタによる Y 分離　137
　10.2.2　2次元フィルタによる Y 分離　139

目　次　　xi

　　10.2.3　1次元フィルタによるC分離　*140*
　　10.2.4　2次元フィルタによるC分離　*142*
　　10.2.5　2次元フィルタによるYC分離　*144*
10.3　空間フィルタの計算　*144*
　　10.3.1　2次元LPFの周波数特性　*144*
　　10.3.2　2次元HPFの周波数特性　*145*

第11章　信号の発生 ───────── *147*

11.1　インパルス応答による信号の発生　*147*
　　11.1.1　インパルス応答　*147*
　　11.1.2　IIRによる不完全微分波の発生　*148*
　　11.1.3　IIRによる$f_s/2$波の発生　*150*
11.2　鋸波の発生　*151*
　　11.2.1　1次IIRによる鋸波の発生　*151*
　　11.2.2　鋸波の波形　*151*
11.3　正弦波の発生　*153*
　　11.3.1　1次IIRを使った正弦波の発生　*153*
　　11.3.2　2次IIRを使った正弦波の発生　*154*
11.4　信号発生の計算　*155*
　　11.4.1　色基準信号の発生　*155*
　　11.4.2　低域色基準信号の発生　*156*

第12章　変調・復調 ───────── *157*

12.1　AM変調　*157*
　　12.1.1　AM変調の方法　*157*
　　12.1.2　AM復調の方法　*159*
12.2　FM変調　*160*
　　12.2.1　FM変調の方法　*160*
　　12.2.2　FM復調の方法　*161*
12.3　直交変調　*162*

12.3.1　色信号の変調　*162*

　　12.3.2　色信号の復調　*164*

　12.4　QPSK　*166*

　　12.4.1　QPSK の変調　*166*

　　12.4.2　QPSK の復調　*168*

　12.5　変復調の計算　*169*

　　12.5.1　AM 変調　*169*

　　12.5.2　FM 変調　*170*

　　12.5.3　積の構成　*171*

第13章　DCT　*173*

　13.1　DCT の原理　*173*

　　13.1.1　cos 変換　*173*

　　13.1.2　2 画素 DCT　*173*

　13.2　8 画素 DCT　*175*

　　13.2.1　8 画素 DCT の演算　*175*

　　13.2.2　8 画素の DCT フィルタ　*176*

　13.3　IDCT と 2 次元 DCT　*178*

　　13.3.1　IDCT　*178*

　　13.3.2　2 次元 DCT　*178*

　　13.3.3　2 次元 DCT の処理手順　*179*

　13.4　DCT の計算　*180*

　　13.4.1　4 画素のフーリエ級数　*180*

　　13.4.2　4 画素 DCT の係数　*180*

参考文献　*183*

事項索引　*185*

第 1 章
信号の表示

　信号処理は、符号や記号および音声や画像などの情報を、媒体に乗る信号に加工したり、媒体に乗った信号を情報に再加工することである。

1.1　モールス符号と表示

1.1.1　信号の構成方法
　光の長短でモールス（Morse）符号を送ることができる。図 1.1 にその概念を示した。点灯か消灯の 2 値でパルス（pulse）の列を作ることができる。

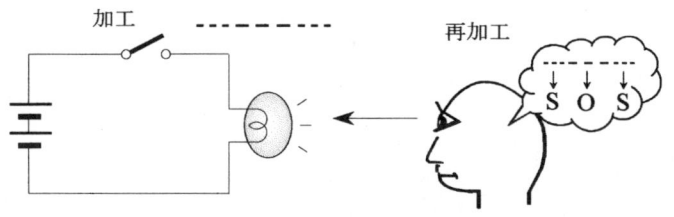

図 1.1　モールス符号の伝送

　また、図 1.2 では、点灯時間の長短によって、SOS のモールス符号が乗った光の信号を構成することができることを示している。

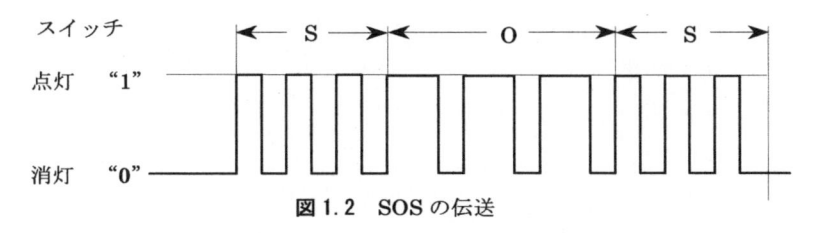

図 1.2　SOS の伝送

この場合、媒体は光であり、送られる情報は SOS である。また、信号はランプの両端の電圧およびランプの光である。そして、加工の信号処理はスイッチによって実行され、再加工は目と脳による SOS の認識といえる。図 1.2 ではモールス符号によって、短いパルス 3 回で S を表し、長いパルス 3 回で O を表している。そして、合計 9 個のパルスで SOS が伝送される様子を表した。

1.1.2 波形の表示

図 1.1 において、信号はランプの両端に与えられる電圧である。この信号の波形は、図 1.3 の構成でオシロスコープ（oscilloscope）に表示することができる。

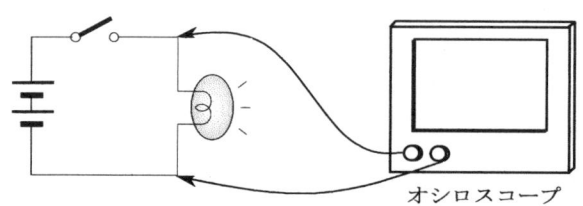

図 1.3 オシロスコープによる波形の表示

図 1.4 では、パルス幅が T_1 である f 個のパルスが 1 秒間に伝送されている状況を表している。もちろん、図 1.2 の SOS を表す信号も表示できる。

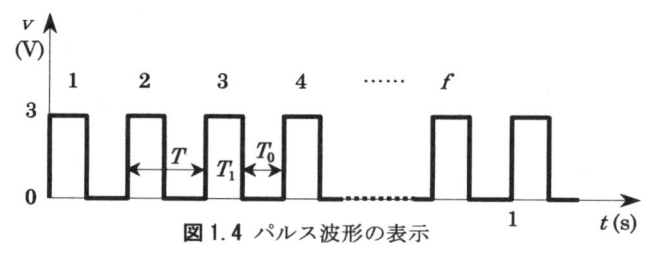

図 1.4 パルス波形の表示

つぎに、用語と記号および単位を示す。

電圧 　　：　v　（V）
周期 　　：　T　（s）
オフ期間　：　T_0　（s）
オン期間　：　T_1　（s）
周波数 　：　f　（Hz）

そして、周波数と周期はつぎのように表すことができる。

1.2 映像信号の走査と表示

$$f = \frac{1}{T} \qquad \cdots(1.1)$$

$$T = T_0 + T_1 \qquad \cdots(1.2)$$

また、これから使う桁記号についても整理しておく。信号処理の計算では、数値が 10^9 から 10^{-12} におよぶため、桁の計算が煩雑になり間違いを起こしやすい。そこで、表1.1 に示す桁記号を使うと便利で正確になる。桁記号は原則として計算結果が 1 以上かつ 999 以下になるように選ぶ。

表1.1 桁を表す記号の一覧表

倍数	記号	呼称	
10^9	G	giga	ギガ
10^6	M	mega	メガ
10^3	k	kiro	キロ
10^{-3}	m	mili	ミリ
10^{-6}	μ	micro	マイクロ
10^{-9}	n	nano	ナノ
10^{-12}	p	pico	ピコ

1.2 映像信号の走査と表示

1.2.1 映像信号の表示

映像信号を画面で表示するにはテレビを使う。図1.5 に、VTR とテレビの映像端子を使って接続している様子を示した。VTR の出力端子には 75Ω の抵抗を接続して使うように規格化されている。図1.5 では、テレビの入力端子の抵抗が 75Ω になっているので、所定の振幅が伝送される。

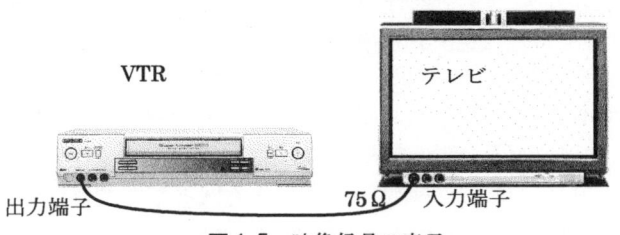

図1.5 映像信号の表示

映像信号は1秒に30枚、すなわち30フレーム (frame) の映像情報を伝送している。1フレームの映像は480本、すなわち480ライン (line) の横線で構成される。いま横線が左から右へ、白、黒、白となっていれば、これを480ライン繰り返すと、図1.6のように画面全体の縦縞になる。

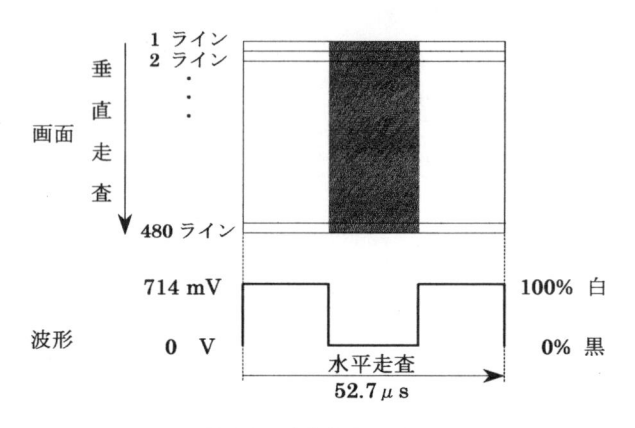

図1.6 映像信号の表示

図1.6の画面の下に、信号を波形で示している。すなわち、明るさ0%の黒を0Vとすると、明るさ100%の白（表示する最大の明るさ）は714mVのパルスである。この白黒を表す信号は、輝度信号と呼ばれる。

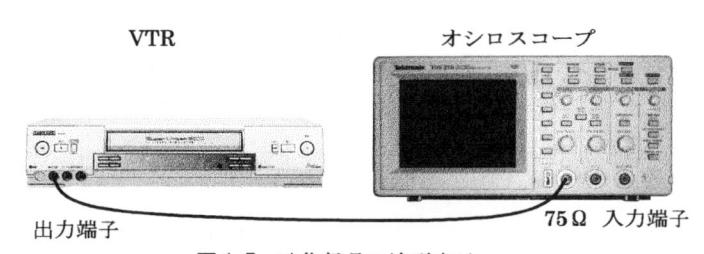

図1.7 映像信号の波形表示

このような映像信号の波形は、前節と同様オシロスコープに表示することができる。VTRの出力端子の波形を表示する場合、図1.7のように接続する。正しい波形を表示するには、オシロスコープの入力抵抗を75Ωにするなど、VTRの出力端子に75Ωの抵抗が接続されるようにする必要がある。

1.2.2 水平走査と同期信号

　線で画面の左から右に表示することを、水平走査という。また、この期間を有効走査期間という。この状況を、図 1.8 に示した。

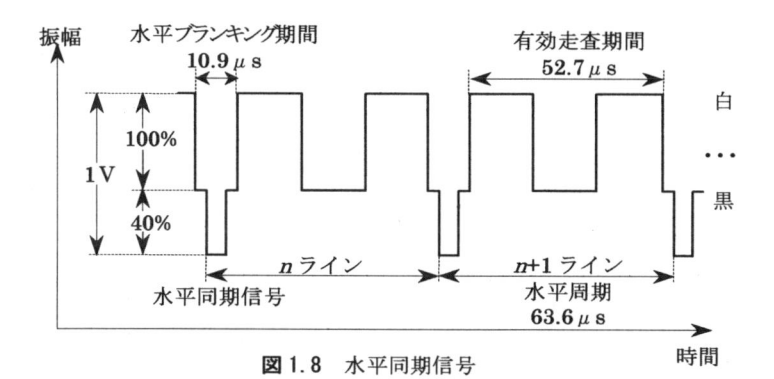

図 1.8　水平同期信号

　有効走査期間の前には、水平ブランキング（horizontal blanking）期間がある。水平ブランキング期間は、画面の情報を含まない。そして、有効走査が始まることをあらかじめ示す水平同期信号がおかれている。水平同期信号は、輝度信号と区別できるように負のパルスが使われる。このパルスの間隔が水平周期である。つぎに、主要な用語と記号および標準的な値を示す。

　　　　水平周期　　　　　　：H　$63.6\,\mu\mathrm{s}$
　　　　有効走査期間　　　　：T_P　$52.7\,\mu\mathrm{s}$
　　　　水平ブランキング期間　：B_B　$10.9\,\mu\mathrm{s}$

　また、同期信号の振幅は、輝度信号の振幅の 40% が割り当てられていて、双方合わせて 1 V である。

1.2.3 垂直走査と同期信号

　映像信号 1 フレームの水平走査線数は 525 ラインで構成され、正確には 29.97 Hz で伝送されるが、ラインの信号は順に送られてくるわけではない。図 1.6 に示した画面の奇数ラインの信号が送られ、ついで偶数ラインの信号が送られる。すなわち、見かけ上 59.94 Hz で映像が送られたようになり、画面のフリッカー（flicker）が減るからである。これをインターレース（inter race）という。飛び越し走査ともいわれる。そして、インターレースされた画面 1 枚を 1

フィールド（field）と呼ぶ。したがって、インターレースの1フレームは、奇数フィールドと偶数フィールドで構成されることになる。

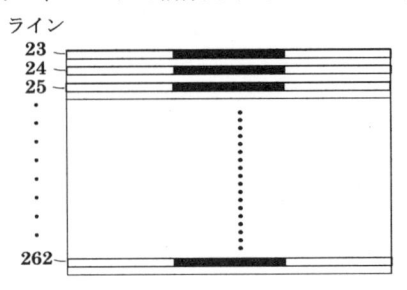

図1.9　奇数フィールドの画面

図1.9に奇数フィールドの画面を示した。図1.6から奇数ラインを抜き取って示した。ただし、ライン番号は、信号のライン番号を記しているので、偶数番号を含む。

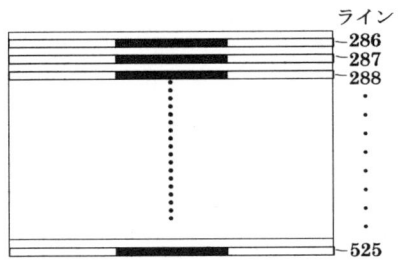

図1.10　偶数フィールドの画面

図1.10に偶数フィールドの画面を示した。図1.6から偶数ラインを抜き取って示した。ただし、ライン番号は、信号のライン番号を記しているので、奇数番号を含む。

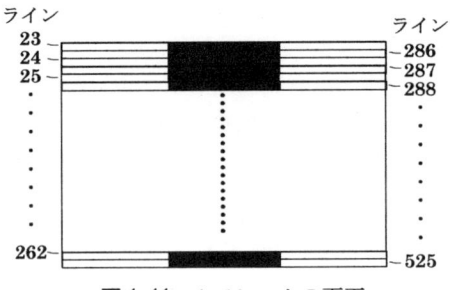

図1.11　1フレームの画面

奇数フィールドの画面と偶数フィールドの画面が 1/60 秒ごとに表示されると、目には図 1.11 のように合成されて見える。つまり、1 フレームを見ているのと同等で、しかもフリッカーが減る。

図 1.12 に、垂直同期信号付近の波形を示した。各フィールドの前に垂直ブランキング期間がおかれている。垂直ブランキング期間は、画面の情報を含まない。また、ブランキング期間中には、輝度信号の伝送が始まることをあらかじめ示す垂直同期信号がおかれる。この垂直同期信号は、パルス幅を広くして水平同期信号と区別している。

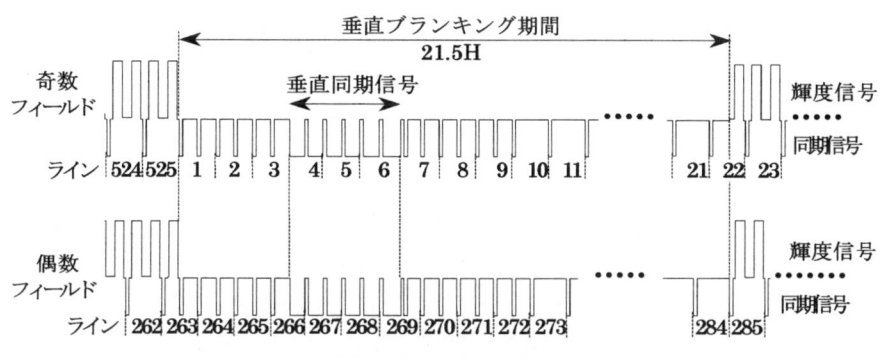

図 1.12 垂直同期信号

ブランキング期間の最初 9 H では、0.5 H の位置にも同期信号を入れてブランキング期間であることを明確にしている。これを等価パルスという。

つぎに、主要な用語と記号および標準的な値を示す。

    垂直同期信号期間   : T_{VS} $191 \mu s$
    垂直ブランキング期間 : B_V 13.7 ms

1.3 RGB 画像の構成と表示

1.3.1 RGB 画像の表示

RGB（赤緑青）3 原色によるカラー画像表示の例として、RGB 端子を取り上げて説明する。図 1.13 のように、パソコンの RGB 出力端子とディスプレイの RGB 入力端子を、D‐sub15 ケーブルを用いて接続すると RGB 画像を表示することができる。

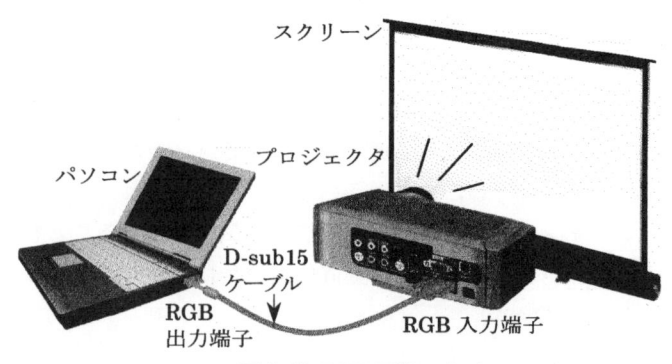

図 1.13 RGB 画像の表示

　RGB 端子には図 1.14 のように、5 種類の信号が接続されている。3 原色の RGB の信号が個別に用意されており、3 原色の明るさを個別に伝送できるから任意の色相と明るさがディスプレイに表示できるわけである。

信号	信号端子	グラウンド端子
R	①	⑥
G	②	⑦
B	③	⑧
水平同期	⑬	⑤⑩
垂直同期	⑭	⑤⑩

図 1.14 RGB 端子

　もちろんオシロスコープには、RGB 個別に波形を表示することができる。

1.3.2　RGB 画像の構成

　RGB 画像の画素数とフィールド周波数が異なる多くの走査規格に関して、アメリカの VESA (Video Electronic Standards Association) が標準化している。そのなかで、前節の映像信号と最も関連の深い VGA (Video Graphic Array) について説明する。

　VGA の構成例を図 1.15 に示した。垂直周波数 f_V が 60 Hz であり垂直周期

T_V が 16.7ms、水平走査線数 N_F が 525 ライン、有効走査線数 N_P が 480 ライン、以上が前節の映像信号との共通である。

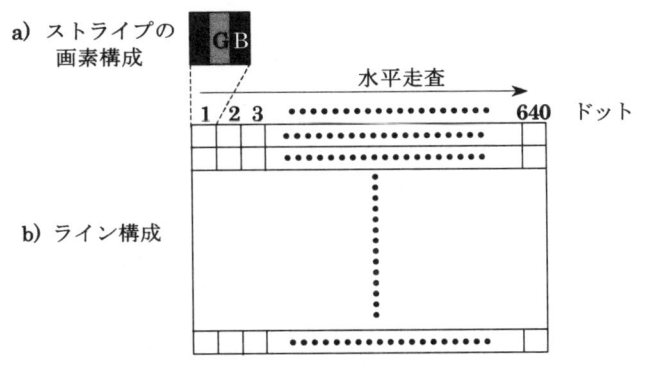

a) ストライプの画素構成

b) ライン構成

図 1.15　VGA 画面のライン構成

　違いの第 1 は、プログレッシブ（progressive）走査、すなわち順次走査を採用している点にある。したがって、垂直周期 T_V の間に水平走査線数 N_F 分の水平走査をするから、水平周波数 f_H はインターレースを採用している映像信号の倍になる。つまり水平周波数は 31.5 kHz になる。

　違いの第 2 は、有効走査線数 N_P はディジタルに即して画素 480 ドット（dot）で表す点にある。したがって、水平走査も 1 ラインで画素 640 ドットの走査をすると考える。

　違いの第 3 は RGB であり、図 1.15 の上部に、最も普通に使われているストライプ（stripe）配置を示した。RGB の発色は画素単位で行われ、R だけが光ると赤、G だけが光ると緑、B だけが光ると青になる。そして、全部光ると白に見える。

　このような色と信号の関係を図 1.16 に示した。RGB 各信号の振幅は、100 % か 0 % の場合を表している。100% の振幅は輝度信号に合わせて 700mV である。輝度信号の場合は、計算上 714 mV であるが、若干のエラーが認められているので実用上 700mV と考えてよい。

　この場合、つぎの 8 色の表示が可能である。図 1.16 は、1 本のラインをこの 8 色で塗り分ける場合の信号を示している。

　　　　　W　　（white）　　白
　　　　　Y_L　（yellow）　　黄

第1章 信号の表示

C_Y	(cyan)	シアン
G	(green)	緑
M_G	(magenta)	マゼンタ
R	(red)	赤
B	(blue)	青
B_K	(black)	黒

そして、RGB 各信号が 8 ビットの階調があれば、ディスプレイの画面上も RGB 各色の飽和度が 8 ビットの階調を与えられ、$2^8 \times 2^8 \times 2^8 \fallingdotseq 16.8$ M すなわち 1680 万色の色再現が可能となる。つまり、自然画の表示ができると考えられる。

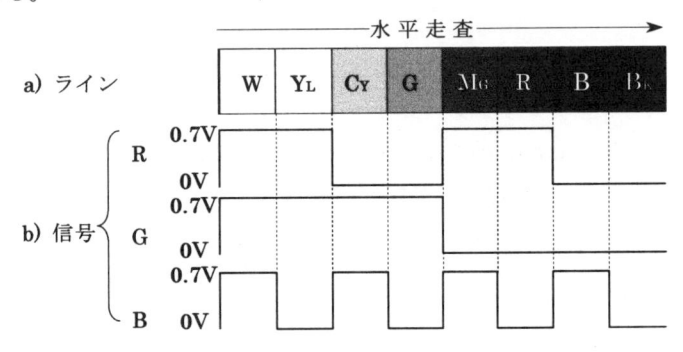

図 1.16　1 ラインの信号と色

図 1.16 で各色の横幅は、640/8 = 80 ドットである。VGA は映像信号と同じく 480 ラインで構成されるので、この 1 ライン 8 色の信号が 480 回繰り返されると、図 1.17 のようにカラーバー（color bar）の画面になる。

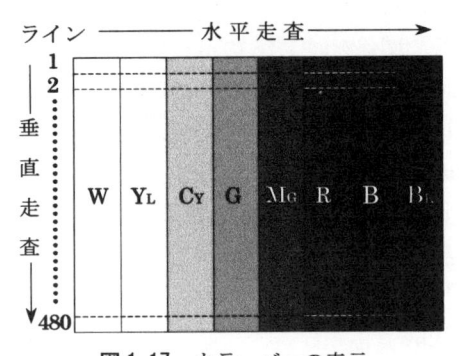

図 1.17　カラーバーの表示

1.3.3 同期信号

映像信号の場合、同期信号は輝度信号の下に付加されるが、RGB の場合は図 1.14 に記したように別の端子に出ている。

水平同期信号と RGB 信号の関係を図 1.18 に示した。画面はカラーバーの場合である。

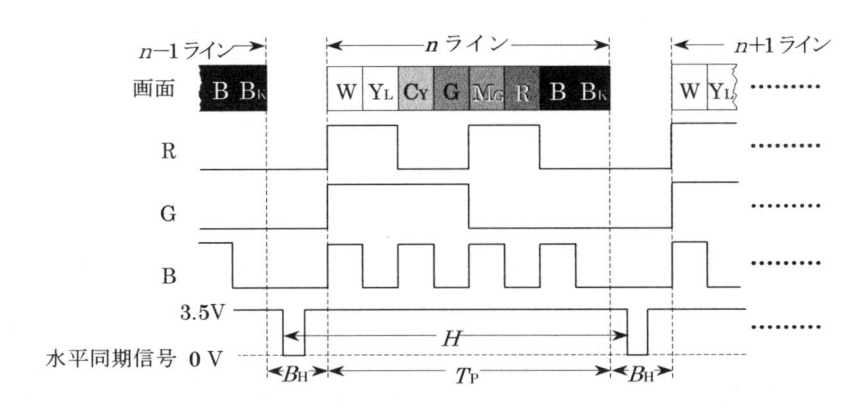

図 1.18 水平同期信号

画面の情報を含む有効走査期間 T_P の前には、水平ブランキング期間 B_H がある。水平ブランキング期間は、画面の情報を含まない。そして、端子⑬から有効走査が始まることをあらかじめ示すパルスが伝送される。このパルスが水平同期信号であり、このパルスの間隔が水平周期 H である。また、同期信号の振幅は約 3.5 V であり、TTL (Transistor Transistor Logic) の規格に従ってインターフェースがとられる。

垂直同期信号と RGB 信号の関係を図 1.19 に示した。画面はカラーバーの場合である。

画面の情報を含むライン 1 の前には、垂直ブランキング期間 B_V がおかれる。垂直ブランキング期間は、画面の情報を含まない。そして、端子⑭からライン 1 が始まることをあらかじめ示すパルスが伝送される。このパルスが垂直同期信号であり、このパルスの間隔が垂直周期 T_V である。また、垂直同期信号も振幅は約 3.5 V であり、TTL の規格に従ってインターフェースがとられる。

図1.19 垂直同期信号

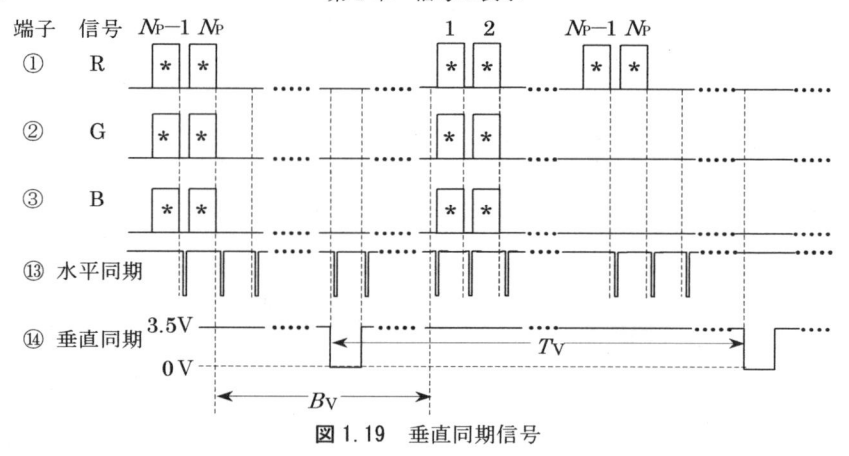

1.4 カラー映像信号の構成と表示

1.4.1 カラー映像信号の伝送

RGB信号は、RとGとBの計3本と、同期信号が2本で、カラー画面の情報を伝送している。これを1本の信号線でまとめているのが、カラー映像信号である。カラー映像信号としては、日本ではNTSC（National Television System Committee）方式を採用している。

1.2節では、映像信号が輝度と同期の双方の信号が複合されて構成されていることを説明した。これに、色の情報を含む約3.6 MHzの色信号を複合したものがNTSC方式のカラー映像信号である。

カラー映像信号を画面で表示するには、1.2節で示したようにカラーテレビを使う。映像端子をケーブルで接続すれば、映像信号に複合された色信号も伝送される。そして、色信号の有無と関係なく実用上は映像信号と呼ばれる。

1.4.2 カラー映像信号の波形

図1.20に、色信号が複合した映像信号、つまりカラー映像信号の波形を示している。色信号は細かい正弦波のある部分である。この波形は、画面がカラーバーの場合である。

色信号は約3.6 MHzの正弦波で、振幅が色の飽和度、位相が色相を表している。また、位相を表すため、映像の前に10波の色信号がおかれている。これ

を、バースト（burst）信号という。

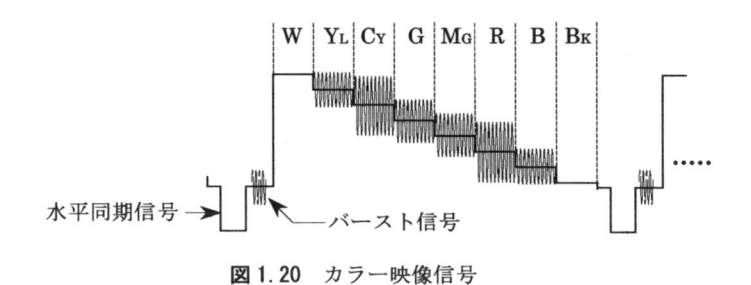

図 1.20 カラー映像信号

1.4.3 色差信号

カラー映像信号は、輝度信号と色信号を複合している。輝度の信号振幅 Y は、つぎの式で表すことができる。R は赤の信号振幅、G は緑の信号振幅、B は青の信号振幅である。

$$Y = 0.3R + 0.59G + 0.11B \qquad \cdots(1.3)$$

100%の白なら、RGB 各々が 0.7 V の振幅であり、Y も 0.7 V の振幅になる。このうち各色の明るさが、つまり白への寄与が、R は 30%、G は 59%、B が 11%であることを示している。

カラーバーの場合の輝度信号を、図 1.21 に波形で示した。

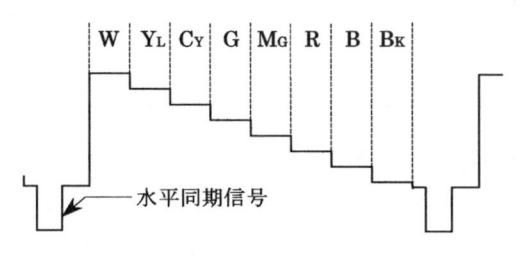

図 1.21 カラーバーの輝度信号

RGB 信号から輝度信号を引いたものを、色差信号という。色差信号のうち $R-Y$ と $B-Y$ が、色信号の振幅として伝送される。

1.4.4 色信号

図 1.22 には、横幅 50 cm（25 型相当）の画面の左端に赤白青の縦縞を表示している場合の色信号を示した。

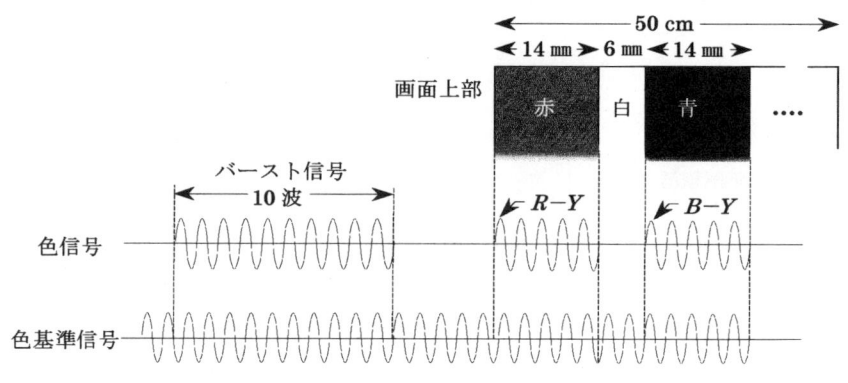

図 1.22 色信号

$B-Y$ が色基準信号と同相であり、$R-Y$ が色基準信号より 90 度進んでいる。そしてバースト信号は、色基準信号と逆相であり、映像の前に 10 波おかれている。色基準信号は実際には伝送されないので、バースト信号が色信号上で位相の基準とするために使われる。図 1.23 に、これらの位相関係を極座標を使ってベクトルで表示した。

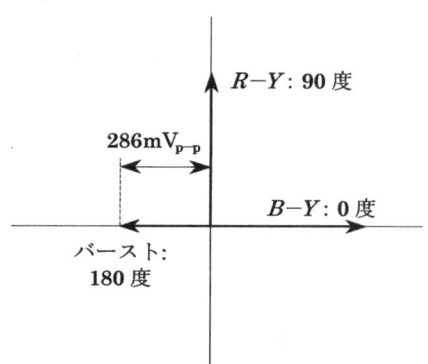

図 1.23 色相の表示

振幅は 100% カラーバーの場合を、図 1.24 に表した。カラー映像信号がむやみに大きくならないように、$B-Y$ は 1/2.03 に、$R-Y$ は 1/1.14 に小さくしている。色信号 C を (1.4) 式に示した。ここで、f_{sc} は色基準信号の周波数であ

り詳しくは 3.579545 MHz である。また、振幅はピークトゥピークで示した。

$$C = \frac{R-Y}{1.14}\cos\omega_{sc}t + \frac{B-Y}{2.03}\sin\omega_{sc}t \quad \cdots(1.4)$$

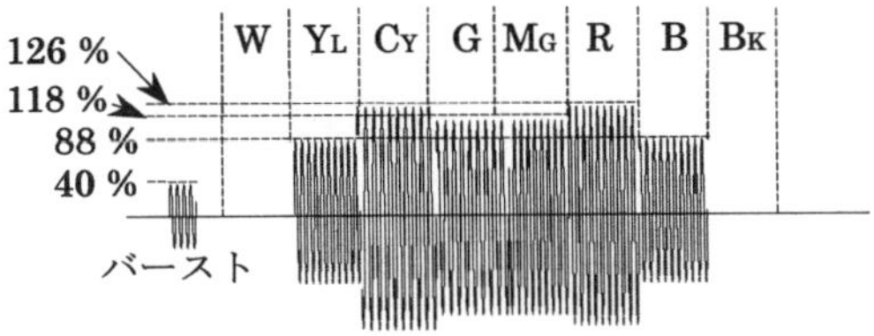

図 1.24 カラーバーの色信号

バースト信号の振幅は、40%で 286 mV$_{p-p}$ であり、他の振幅はこれに比例している。このような色信号と図 1.21 の輝度信号を複合させて、図 1.20 のカラー映像信号ができあがっているわけである。

つぎに、色信号と RGB 信号の違いについて説明する。

RGB 信号の場合には、色の情報として各色の振幅 *RGB* で色相と飽和度が決まる。ところが、カラー映像信号は輝度信号を構成要素としているため、色の情報として R と B で色相と飽和度を決めることができる。(1.3) 式から G を導くことができるからである。

さらに色信号に持たせる情報は、色差信号にしてある。色差信号にすることによって、信号の振幅が減って、カラー映像信号の振幅も減り、ディジタルで取り扱うときには信号伝送量が減って好都合となるからである。

1.5 信号の表示に関する計算

1.5.1 パルス波形の計算

(1) モールス符号で S を伝送しているとき、"0"の期間 T_0 が 100ms、"1"の期間 T_1 が 150ms である。周期 T を求める。(図 1.2 参照)

   文字式 $T = T_0 + T_1$

   計算式 100 m + 150 m = 250 m

   結果 250 ms

   説明 (1.2) 式による。桁記号は付けたまま計算できる。

(2) 上記で周波数 f を求める。

　　　　文字式　　$f = 1/T$
　　　　計算式　　$1/250$ m $= 1/0.25 = 4$
　　　　結果　　　4 Hz
　　　　説明　　　(1.1) 式による。結果が整数になるよう桁記号を選ぶ。

(3) モールス符号で O を伝送している。周波数 f は 2.5 Hz である。周期 T を求める。

　　　　文字式　　$T = 1/f$
　　　　計算式　　$1/2.5 = 0.4 = 400$ m
　　　　結果　　　400 ms
　　　　説明　　　(1.1) 式による。結果が 1 以上になるよう桁記号を選ぶ。

(4) 上記 (3) 項で、"0" の期間 T_0 が 100ms である。"1" の期間 T_1 を求める。

　　　　文字式　　$T_1 = T - T_0$
　　　　計算式　　400 m $-$ 100 m $=$ 300 m
　　　　結果　　　300 ms
　　　　説明　　　(1.2) 式による。

1.5.2　映像信号波形の計算

映像信号に関連する周波数や周期は、ときに 4 桁以上求められることがある。そこで、(2) 項以下では主要なものについて、精度の高い値の求め方を示した。

(1) 同期信号の振幅を V_S として、これを求める。ただし、100%の輝度信号の振幅は V_P とする。

　　　　文字式　　$V_S + V_P = 1$、$V_S = 0.4 V_P$
　　　　計算式　　$1/(1 + 1/0.4) = 0.286$
　　　　結果　　　286 mV
　　　　説明　　　文字式を V_S について解く。

(2) 水平走査線数 N_F とフレーム周波数 f_F から、水平周波数 f_H を求める。

　　　　文字式　　$f_H = N_F f_F$
　　　　計算式　　$525 \times 29.97 = 15734$

　　　　結果　　15.734 kHz

　　　　説明　　水平周波数は上記の 5 桁で表されることが多い。これの逆数は 63.56 μs であるから、図 1.8 に記した 63.6 μs の水平周期は精度は高いとはいえない。

(3) 垂直周波数（フィールド周波数）f_V から、垂直周期 T_V を求める。

　　　　文字式　　$T_V = 1/f_V$
　　　　計算式　　$1/59.94 = 0.016683$
　　　　結果　　16.68 ms

(4) 垂直同期信号期間 T_{VS} を求める。

　　　　文字式　　$T_{VS} = 3H$
　　　　計算式　　$3 \times 63.56 μ = 190.68 μ$
　　　　結果　　190.7 μs

(5) 垂直ブランキング期間 B_V を求める。

　　　　文字式　　$B_V = 21.5 H$
　　　　計算式　　$21.5 \times 63.56 μ = 1366.5 μ$
　　　　結果　　1.367 ms

1.5.3　RGB 信号波形の計算

(1) VGA の水平周波数 f_H は 31.5 kHz である。水平周期 H を求める。

　　　　文字式　　$H = 1/f_H$
　　　　計算式　　$1/31.5 k = 0.031746 m$
　　　　結果　　31.75 μs

(2) VGA の垂直周波数 f_V から、垂直周期 T_V を求める。

　　　　文字式　　$T_V = 1/f_V$
　　　　計算式　　$1/60 = 0.016667$
　　　　結果　　16.67 ms
　　　　説明　　$N_V H$ で求めてもよい。

(3) VGA の垂直ブランキング期間 B_V を求める。

文字式　$B_V = N_V H - N_P H = (N_V - N_P) H$
計算式　$(525 - 480) \times 31.75\,\mu = 1428.8\,\mu$
結果　　1.429 ms

(4) VGA の画素クロック周波数 f_s は 25.175 MHz である。水平画素周期 T_s を求める。（図 1.15 参考）

文字式　$T_s = 1/f_s$
計算式　$1/25.175\,\mathrm{M} = 0.039722\,\mu$
結果　　39.72 ns

(5) 水平画素数を N_H として、上記にもとづき有効走査期間 T_P を求める。（図 1.18 参照）

文字式　$T_P = T_s N_H$
計算式　$39.72\,\mathrm{n} \times 640 = 25.421\,\mu$
結果　　$25.42\,\mu\mathrm{s}$

(6) 上記の (1) と (5) にもとづき、水平ブランキング期間 B_H を求める。（図 1.18 参照）

文字式　$B_H = H - T_P$
計算式　$31.75\,\mu - 25.42\,\mu$
結果　　$6.33\,\mu\mathrm{s}$

1.5.4　カラー映像信号波形の計算

(1) 100％カラーバーの黄色について、輝度信号の振幅を求める。

文字式　$Y = 0.3\,R + 0.59\,G + 0.11\,B$
計算式　$0.3 \times 100 + 0.59 \times 100 = 89$
結果　　89 %, 636mV
説明　　図 1.21 の 100％カラーバーの振幅はこの方法によって、計算できる。映像信号は 140％が 1V に相当する。

(2) 100％カラーバーの黄色について、色信号の振幅を求める。

計算式　$286\mathrm{m} \times 88/40 = 629\,\mathrm{m}$
結果　　$629\,\mathrm{mV_{p-p}}$

1.5　信号の表示に関する計算

　　　説明　　図 1.24 より黄色は 88 % であり、バースト信号は 40 % で振幅が 286 mV$_{\text{p-p}}$ である。

(3) 100 % カラーバーの黄色について、カラー映像信号の最大振幅を求める。

　　　計算式　　89 + 88/2 + 40 = 173
　　　結果　　　173 %, 1.24V$_{\text{p-p}}$
　　　説明　　（1）項の結果に黄色の色信号振幅と同期信号の振幅を加える。

(4) 色信号の周期を T_{sc} として、バーストの信号期間 T_{bs} を求める。

　　　文字式　　$T_{\text{bs}} = 10 T_{\text{sc}} = 10/f_{\text{sc}}$
　　　計算式　　10/3.58 M = 2.79 μ
　　　結果　　　2.79 μ s
　　　説明　　バーストの信号期間 T_{bs} が 2.79 μ s、色信号の周期 T_{sc} が 279 ns はよく出てくるので記憶しておくことが望ましい。また正確な計算をするときは、f_{sc} は 3.579545 MHz を使って計算する必要がある。

第 2 章
正弦波の表示

　信号は、正弦波の集まりと考えることができる。カラー映像信号を構成する色信号は 3.6 MHz の正弦波である。また、輝度信号は同期信号や画素のパルスが集まったものであるが、パルスは正弦波で構成されている。したがって、正弦波の取り扱いは信号処理の基本であり、この章で実際的なディジタル信号処理に入るために必要な知識を学ぶ。

2.1 複素数表示

2.1.1 正弦波の波形

　最も身近な正弦波は実効値が 100 V の家庭用交流電源である。もちろんオシロスコープで観測できるが、危険であるから薦められない。カラー映像信号のバースト信号を観測することもできるが、$63.6\mu s$ の水平走査期間の内 $2.8\mu s$ しか信号がない。

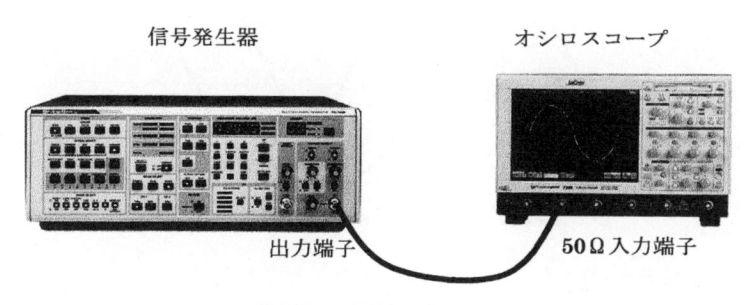

図 2.1　正弦波の表示

第2章 正弦波の表示

　連続波を見るなら、図2.1のようにオシロスコープを信号発生器に接続するとよい。ふつう信号発生器の出力端子は、50Ωを接続すると表示された電圧が出る。したがって、オシロスコープの入力端子は50Ωのものを選ぶか、50Ωの抵抗を並列に接続する必要がある。また、音声用の信号発生器では600Ωのものもある。

　いま正弦波 v の振幅が V、角周波数が ω、周波数 f、位相を ϕ とすると、これはつぎのように表すことができる。

$$v = V\sin(\omega t + \phi) \qquad \cdots(2.1)$$
$$\omega = 2\pi f \qquad \cdots(2.2)$$

波形で示すと、図2.2のようになる。

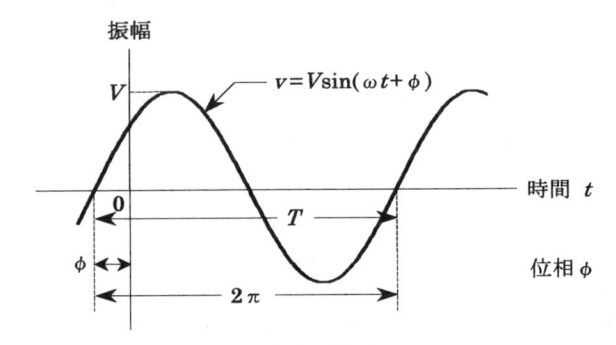

図2.2　正弦波の波形

位相 ϕ が 0 の場合を v_0、$\pi/2$ の場合を v_1 として、図2.3に対比して示した。

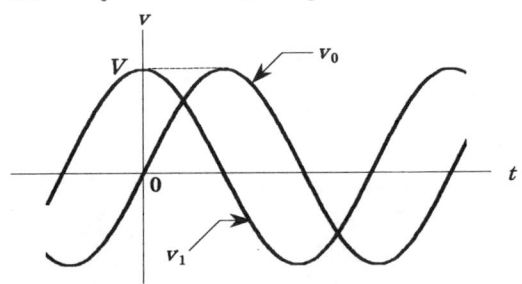

図2.3　sin 波と cos 波の波形

$$v_0 = V\sin\omega t \qquad \cdots(2.3)$$
$$v_1 = V\sin\left(\omega t + \frac{\pi}{2}\right) \qquad \cdots(2.4)$$

v_0 は sin 波、v_1 は cos 波である。

2.1.2 複素数平面

正弦波を振幅と位相により、複素数平面にベクトル（vector）表示することができる。(2.3) 式の v_0 と (2.4) 式の v_1 を、図 2.4 にベクトル表示した。

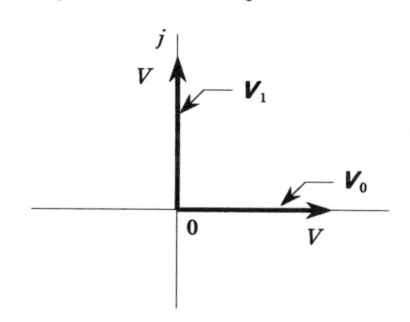

図 2.4 sin 波と cos 波のベクトル表示

信号がベクトルの場合や、複素数平面上の信号の場合、記号は **V_0** や **V_1** のように大文字で太文字を使っている。**V_0** と **V_1** を実数部と虚数部に分けて複素数の式で表すとつぎのようになる。

$$\boldsymbol{V_0} = V \qquad \cdots(2.5)$$

$$\boldsymbol{V_1} = jV \qquad \cdots(2.6)$$

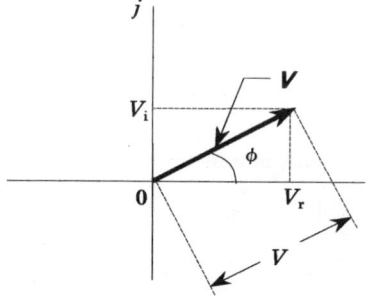

図 2.5 位相が ϕ の正弦波のベクトル表示

さらに、位相が任意の ϕ で表される場合は、$v = V\sin(\omega t + \phi)$ であって、図 2.5 のように複素数平面上のベクトル表示ができる。

図 2.5 によると信号 **V** は、(2.7) 式のように複素数で表現できる。

$$\boldsymbol{V} = V_r + jV_i \qquad \cdots(2.7)$$

ここに、V_r は $\boldsymbol{V}$ の実数部であり、V_i は $\boldsymbol{V}$ の虚数部である。これらには以下に示す関係がある。

$$|\boldsymbol{V}| = \sqrt{V_r^2 + V_i^2} \qquad \cdots(2.8)$$

$$\tan\phi = \frac{V_i}{V_r} \qquad \cdots(2.9)$$

2.2　伝達関数

2.2.1　ゲインのベクトル表示

図 2.6 に信号発生器の出力を増幅し、増幅された信号をオシロスコープに表示する構成をブロック図で示した。増幅器の出力信号の振幅は、入力信号の振幅がゲイン（gain）倍に増幅されている。

```
信号発生器 ──V₁──→ 増幅器 ──V₂──→ オシロスコープ
```

図 2.6　信号の増幅

増幅器の入力信号を $\boldsymbol{V}_1$、ゲインを G 倍、増幅器の出力信号を $\boldsymbol{V}_2$ として、$\boldsymbol{V}_1$ と $\boldsymbol{V}_2$ をベクトル表示すると図 2.7 のようになる。

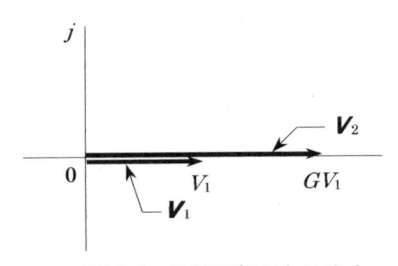

図 2.7　位相回転がない出力

ここでは $\boldsymbol{V}_1$ を基準として、実数軸に配置している。したがって、$\boldsymbol{V}_1$ は実数であるから、$\boldsymbol{V}_1 = V_1$ と表すことができる。そこで、入力 $\boldsymbol{V}_1$ と出力 $\boldsymbol{V}_2$ の関係を式で表すとつぎのようになる。

$$\boldsymbol{V}_2 = G\boldsymbol{V}_1$$

$$= GV_1 \qquad \cdots(2.10)$$

つぎにゲインをベクトル表示することを考える。そのために V_1 を 1 V とすると $\boldsymbol{V}_2$ は G となる。つまり、入力振幅が 1 の場合の出力振幅がゲインである。したがって、ゲインは図 2.8 のようにベクトル表示することができる。

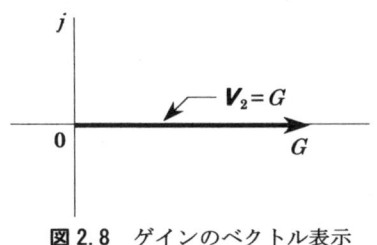

図 2.8 ゲインのベクトル表示

2.2.2 伝達関数のベクトル表示

増幅器の出力信号 $\boldsymbol{V}_2$ の位相が ϕ 進んでいるとする。この場合、ベクトル図は図 2.9 のようになる。

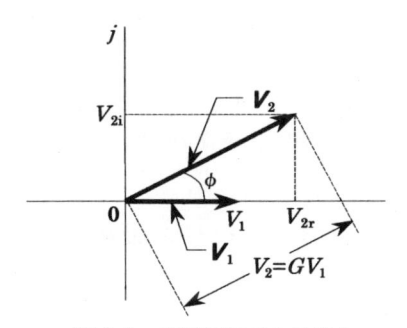

図 2.9 位相回転がある出力

$\boldsymbol{V}_2$ の実数部を V_{2r} とし、$\boldsymbol{V}_2$ の虚数部を V_{2i} とすると、$\boldsymbol{V}_2$ は (2.11) 式のように表すことができる。

$$\boldsymbol{V}_2 = V_{2r} + jV_{2i} \qquad \cdots(2.11)$$

これを、位相 ϕ を使って極座標で表すと (2.12) 式を得る。

$$\begin{aligned}\boldsymbol{V}_2 &= V_2 \cos\phi + jV_2 \sin\phi \\ &= GV_1(\cos\phi + j\sin\phi)\end{aligned} \qquad \cdots(2.12)$$

入力が 1 のときの出力がゲインであるから、位相回転を含むゲインは (2.12) 式からつぎのように表すことができる。

$$\boldsymbol{G} = G(\cos\phi + j\sin\phi) \qquad \cdots(2.13)$$

したがって、出力信号 $\boldsymbol{V}_2$ は入力信号 $\boldsymbol{V}_1$ の $\boldsymbol{G}$ 倍と表すことができる。

$$\boldsymbol{V}_2 = \boldsymbol{G}\boldsymbol{V}_1 \qquad \cdots(2.14)$$

このように、複素数で表したゲイン $\boldsymbol{G}$ を伝達関数という。

伝達関数の絶対値はゲインを表す。

$$|\boldsymbol{G}| = G\sqrt{\cos^2\phi + \sin^2\phi} = G \qquad \cdots(2.15)$$

位相回転を表す関数は、$\cos\phi + j\sin\phi$ であり、これをローテータ（rotator）またはフェーザー（phasor）と呼ぶ。

そして、伝達関数は図 2.10 のようにベクトル表示することができる。

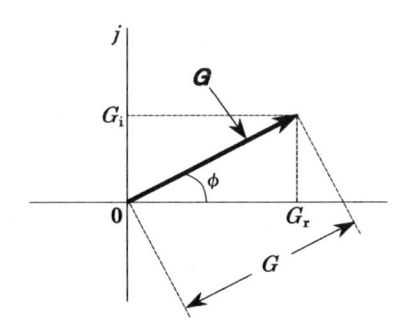

図 2.10 伝達関数のベクトル表示

2.3 フーリエ級数

2.3.1 波形の合成

図 2.11 に方形波 P を示した。これは正弦波 P_1 で近似されている。同じ周期で、同じ位相である。しかしあまりに波形が、なで肩である。

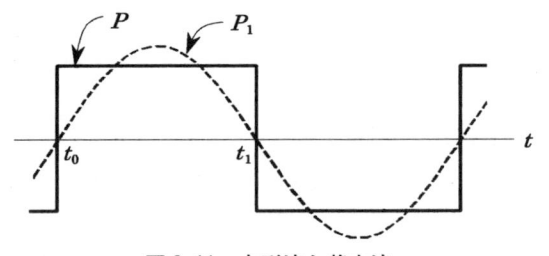

図 2.11 方形波と基本波

そこで、周波数が3倍の3次波 P_3 を加えると、肩を持ち上げることができる。その様子を図 2.12 に示した。しかし、3次波の谷の影響を受けて P_1+P_3 にも谷ができる。

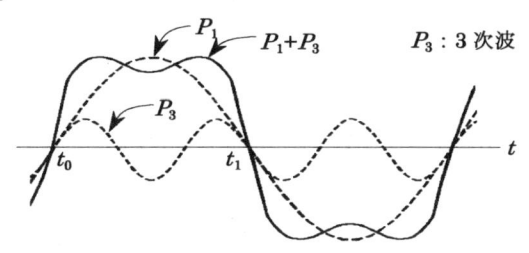

図 2.12 基本波+3次波

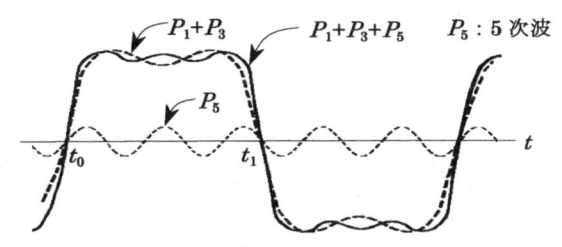

図 2.13 基本波+3次波+5次波

さらに、周波数が5倍の5次波を加えると中央の凹みが、わずかな凸になり、角もさらに出てくる。このように高次波を合成していくと、どんどん近似が進んで方形波に近くなる。

一般に、繰り返し波形は基本波と高次波を合成して発生させることができる。孤立波形も図 2.14 のように、基本波と高次波を合成して形成することができる。繰り返し波との違いは、孤立波では波形が存在する期間以外はすべての成分の振幅が0という点にある。

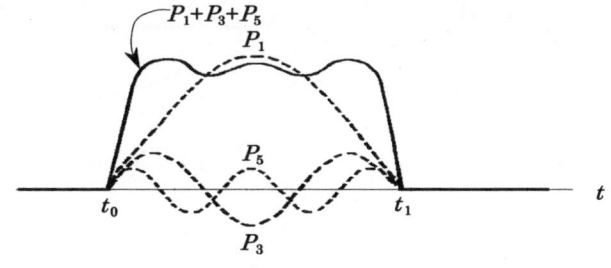

図 2.14 孤立波形の合成

そして、任意の波形は細い方形波、すなわちパルスを並べて近似することができる。図 2.15 では、パルスの高さを任意の波形に沿うように選んで、階段波で表している。

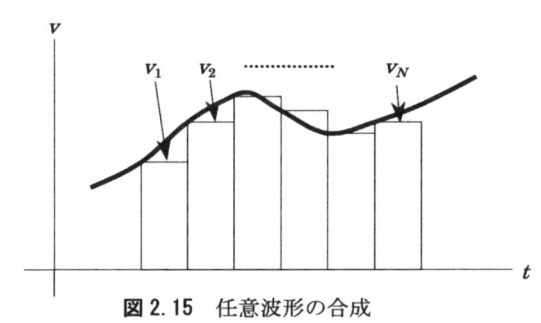

図 2.15 任意波形の合成

2.3.2 波形の分析

前節では波形は、基本波と高次波を合成して発生させることができることを学んだ。つぎに、この節では繰り返し波形を構成する成分を分析する。その方法がフーリエ (Fourier) 分析である。

フーリエ級数を学ぶ前に偶関数と奇関数を説明する。図 2.16 に示した $C(t)$ は、$t=0$ の軸に対称な偶関数である。これは、一般の関数 $v(t)$ と $v(-t)$ によって構成される。また、$S(t)$ は、原点に対称な奇関数である。これも、関数 $v(t)$ と $v(-t)$ によって構成される。したがって、一般の関数 $v(t)$ は偶関数 $C(t)$ と奇関数 $S(t)$ の和で構成されている。

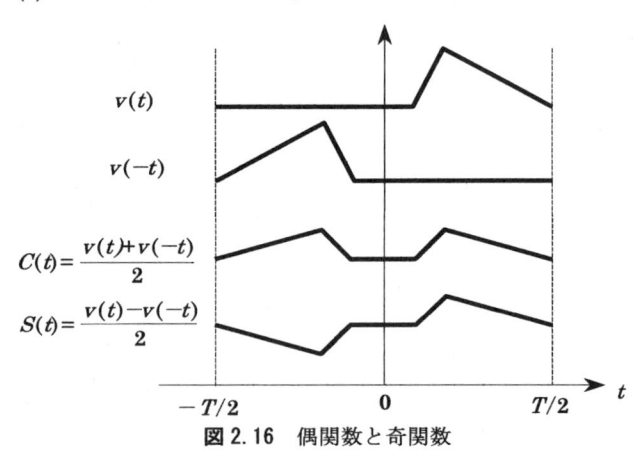

図 2.16 偶関数と奇関数

2.3 フーリエ級数

つぎに偶関数 $C(t)$ のフーリエ分析をする。$\cos n\omega t$ は偶関数だから、$C(t)$ を、基本波と高次波の和とすれば、つぎのように級数で表すことができる。これをフーリエ級数といい、成分の振幅 C_n をフーリエ係数という。

$$C(t) = C_1 \cos \omega t + C_2 \cos 2\omega t + \cdots \qquad \cdots(2.16)$$

ここで、両辺に $\cos \omega t$ をかけて積分する。(2.17)式の右辺では ωt の項だけが残って他は0になり、積分の結果は $C_1 T/2$ となる。

$$\int_{-T/2}^{T/2} C(t) \cos \omega t \, dt = \int_{-T/2}^{T/2} C_1 \cos^2 \omega t \, dt = \frac{C_1 T}{2} \qquad \cdots(2.17)$$

したがって、フーリエ係数 C_1 を求めることができる。

$$C_1 = \frac{2}{T} \int_{-T/2}^{T/2} v(t) \cos \omega t \, dt \qquad \cdots(2.18)$$

同様にして、一般に C_n を (2.19) 式によって求めることができる。

$$C_n = \frac{2}{T} \int_{-T/2}^{T/2} v(t) \cos n\omega t \, dt \qquad \cdots(2.19)$$

つぎに、原点に対称な奇関数 $S(t)$ の場合のフーリエ係数を求める。$\sin n\omega t$ は奇関数だから、奇関数波形を、基本波と高次波の和とすれば、つぎのように級数で表すことができる。

$$S(t) = S_1 \sin \omega t + S_2 \sin 2\omega t + \cdots \qquad \cdots(2.20)$$

ここで、両辺に $\cos \omega t$ をかけて積分する。(2.20)式の右辺では ωt の項だけが残って他は0になり、積分の結果は $S_1 T/2$ となる。

$$\int_{-T/2}^{T/2} S(t) \sin \omega t \, dt = \int_{-T/2}^{T/2} S_1 \sin^2 \omega t \, dt = \frac{S_1 T}{2} \qquad \cdots(2.21)$$

したがって、フーリエ係数 S_1 を求めることができる。

$$S_1 = \frac{2}{T} \int_{-T/2}^{T/2} S(t) \sin \omega t \, dt \qquad \cdots(2.22)$$

同様にして、奇関数の n 次のフーリエ係数 S_n を、(2.23) 式によって求めることができる。

$$S_\mathrm{n} = \frac{2}{T}\int_{-T/2}^{T/2} S(t)\sin n\omega t\,\mathrm{d}t \qquad \cdots(2.23)$$

一般の波形を表す関数 $v(t)$ は、偶関数 $C(t)$ と奇関数 $S(t)$ の和で構成されている。したがって、$v(t)$ は sin と cos のフーリエ級数で表すことができる。

$$v(t) = C_1\cos\omega t + C_2\cos 2\omega t + \cdots$$
$$\qquad + S_1\sin\omega t + S_2\sin 2\omega t + \cdots \qquad \cdots(2.24)$$

つまり、一般の波形は基本波と高次波で構成されることがわかった。しかし、実際にテレビの出力端子から得られる映像の波形は、無限に高い次数の成分を含むわけではない。その周波数は 4.2 MHz どまりである。このように、成分が存在する周波数を帯域という。

輝度信号の場合は、周波数が 0 から 4.2 MHz で、帯域は 4.2 MHz であるが振幅は連続波の場合に最大 714 $\mathrm{mV_{p-p}}$ である。また色信号の場合は、周波数が 3.6 MHz を中心に、±500 kHz の範囲に色の境界を表す成分がある。これを側波と呼ぶ。すなわち、側波の帯域は±500 kHz である。また、境界とは、赤から緑など色が変化しているところを指す。オレンジの図柄は、他の色に比べて画面の細かいところまで見えるので、境界を表す成分は下側に 1.5 MHz の帯域で伝送されている。色信号の振幅は、連続波の場合に最大 900 $\mathrm{mV_{p-p}}$ である。

図 2.17 に、カラー映像信号が存在する帯域を示した。このような成分を表示する方法をスペクトル（spectrum）表示という。

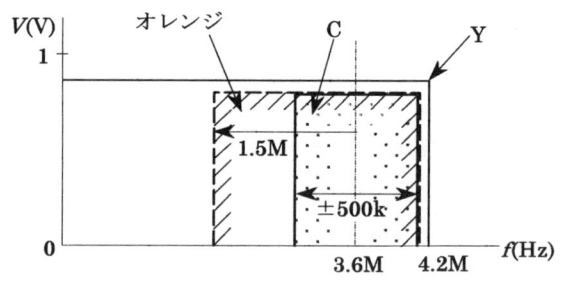

図 2.17 カラー映像信号の帯域

2.4 正弦波の表示に関する計算

2.4.1 複素数平面の計算

(1) 黄色のときの色信号の位相 ϕ は 167 度である。色信号の振幅 V が 88%の場合の $B-Y$ 成分 V_r を求める。(図 2.5 参照)

  文字式 $V_r = V \cos \phi$
  計算式 $88 \cos 167° = -88 \times 0.974 = -85.7$
  結果 -85.7%
  説明 色信号の振幅が V で、$B-Y$ 成分は実数成分と考える。

(2) 上記で $R-Y$ 成分 V_i を求める。

  文字式 $V_i = V \sin \phi$
  計算式 $88 \sin 167° = 88 \times 0.225 = 19.8$
  結果 19.8%
  説明 $R-Y$ 成分は虚数成分と考える。

(3) 色信号の cos 成分が 400 mV であり、sin 成分が 300 mV である。このときの色信号の振幅を求める。

  文字式 $|\boldsymbol{V}| = (V_r^2 + V_i^2)^{1/2}$
  計算式 $(0.3^2 + 0.4^2)^{1/2} = 0.5$
  結果 500 mV
  説明 cos 成分が実数成分、sin 成分が虚数成分と考える。

2.4.2 伝達関数の計算

(1) カラー映像信号の高い周波数の成分が減少して、バースト信号 V_1 が 130 mV$_{p-p}$ である。これをゲイン G で増幅して出力 V_2 を基準値にするには 3.6 MHz 付近の信号を何倍に増幅すればよいか考える。(図 2.7 参照)

  文字式 $G = V_2 / V_1$
  計算式 286 m / 130 m = 2.2
  結果 2.2 倍
  説明 (2.10) 式の $\boldsymbol{V_2}$ は実数軸上にあるから V_2 と考える。バース

(2) カラー映像信号のバースト信号を作る。振幅が $1\,\mathrm{V_{p-p}}$ で位相が 0 度の基準信号があるとき、どのような伝達関数で処理をするとバースト信号を得ることができるかを考える。(2.2.2 項参照)

文字式　$\boldsymbol{G} = G(\cos\phi + j\sin\phi) = (V_2/V_1)(\cos\phi + j\sin\phi)$

計算式　$(286\,\mathrm{m}/1)(-1)$

結果　-0.286 倍

説明　バーストの振幅は $286\,\mathrm{mV_{p-p}}$ で、位相は 180 度である。$-286\,\mathrm{m}$ 倍とはいわず普通 -0.286 倍という。これは逆相で振幅が 0.286 倍を意味する。

2.4.3　フーリエ級数の計算

(1) $\pm 1\,\mathrm{V}$ の方形波 P が t_0 を原点にとった奇関数と考えて、1 次波と 3 次波の振幅を求める。(図 2.12 参照)

文字式　$\displaystyle S_n = \frac{2}{T}\int_{-T/2}^{T/2} P\sin n\omega t\,\mathrm{d}t$

$\displaystyle \qquad = -\frac{2}{T}\int_{-T/2}^{0}\sin n\omega t\,\mathrm{d}t + \frac{2}{T}\int_{0}^{T/2}\sin n\omega t\,\mathrm{d}t$

$\displaystyle \qquad = 2/n\pi + 2/n\pi = 4/n\pi = 1.27/n$

計算式　1.27、0.423

結果　$1.27\,\mathrm{V}$、$0.423\,\mathrm{V}$

(2) 方形波 P が $(t_0 + t_1)/2 = 0$ を対称軸とした偶関数と考えて、1 次波と 3 次波の振幅を求める。(図 2.12 参照)

文字式　$\displaystyle C_n = \frac{2}{T}\int_{-T/2}^{T/2} P\cos n\omega t\,\mathrm{d}t$

$\displaystyle \qquad = \frac{2}{T}\int_{-T/2}^{0}\cos \omega t\,n\,\mathrm{d}t + \frac{2}{T}\int_{0}^{T/2}\cos n\omega t\,\mathrm{d}t$

$\displaystyle \qquad = 2/n\pi + 2/n\pi = 4/n\pi = 1.27/n$

計算式　1.27、0.423

結果　$1.27\,\mathrm{V}$、$0.423\,\mathrm{V}$

第 3 章

AD 変換 DA 変換

　信号をディジタル処理するには、まず、信号を純 2 進数に変換する。これを AD 変換（Analog to Digital conversion）という。信号の基本である正弦波は瞬時値が正負の両符号をとるので、純 2 進数を符号付き 2 進数に変換する。それから加算などの信号処理をする。また、処理が終わった符号付き 2 進数は純 2 進数に変換し、それから、DA 変換（Digital to Analog conversion）でアナログに変換する。

3.1 AD 変換

3.1.1 映像信号の AD 変換

　映像信号を 8 ビットで AD 変換する様子を図 3.1 に示した。下は、AD 変換の機能を示すブロックである。上は、左が 100%白の映像信号を入力した場合の波形を示している。右は、AD 変換の出力を純 2 進数の波形で示している。

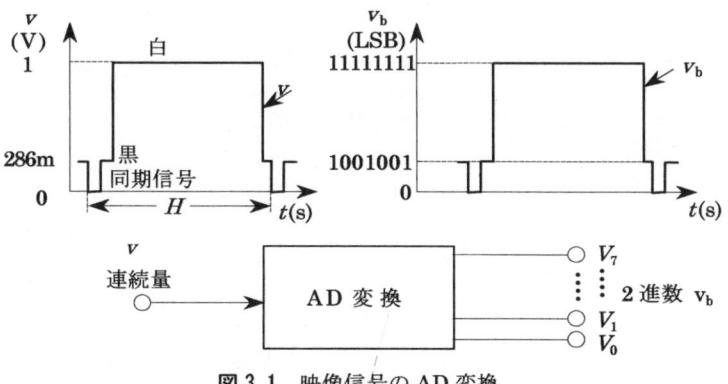

図 3.1　映像信号の AD 変換

AD 変換を複数の機能で構成されたシステムと考える。これは図 3.2 に示したように、サンプリング（sampling）、量子化、符号化のブロックで構成される。このように、機能別のブロック（block）で構成されたシステムの図をブロック図という。

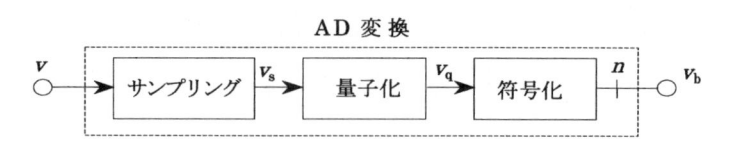

図 3.2 AD 変換のブロック図

AD 変換の入力信号 v をサンプリングし、この出力 v_s を量子化して、この出力 v_q を符号化することで 2 進化された n ビットの出力 v_b を得ている。以下に、この 3 つの機能の説明をする。

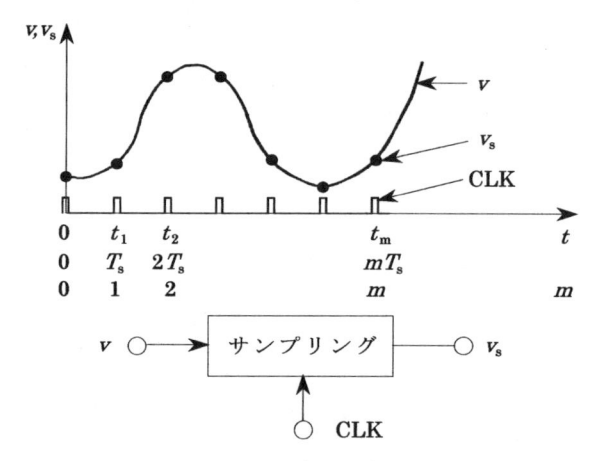

3.1.2 サンプリング

サンプリングの様子を、図 3.3 に示した。

図 3.3 サンプリング

下図は、サンプリングの機能を示すブロックである。上図は、連続量であるアナログ信号 v とサンプリングされた出力 v_s の関係を示してある。信号 v は線

で、出力 v_s は黒丸で表した。サンプリングのブロックにはクロックパルス (clock pulse) CLK が入力されている。クロックパルスがきたときに、信号 v の値が出力端子の信号 v_s となる。すなわち、時間が t_1, t_2, t_3, $\cdots$ のときに、出力端子の信号 v_s を得ることができることを表した。つまり、クロックパルス CLK の周期 T_s ごとに、出力端子へ信号 v_s が伝送される。

サンプリングをすると、どのような周波数の信号も情報が v_s に伝送されるわけではない。図3.4 にその様子を示した。

a) 90度サンプリング　　　　b) 180度サンプリング

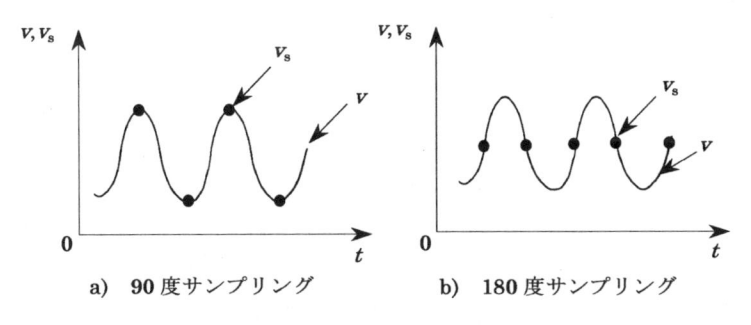

図3.4　ナイキスト周波数

図3.4 では、信号 v の周期がサンプリングの周期 T_s の倍の場合である。すなわち、信号 v の周波数 f がサンプリングの周波数 f_s の 1/2 の場合である。

a) は、信号 v の位相が90度または$-$90度の位置でサンプリングしている。したがって、信号 v の周波数情報と振幅情報が v_s に伝送されている。ところが b) では、信号 v の位相が180度の整数倍の位置でサンプリングしており、全く信号がない。

このように、信号の周波数がサンプリングの周波数の 1/2 になると、情報の伝達が損なわれる。そして、サンプリング周波数の 1/2 の周波数のことをナイキスト (Nyquist) 周波数 f_N という。

$$f_N = \frac{f_s}{2} \qquad \cdots (3.1)$$

信号の周波数がサンプリング周波数の 1/2 を超えると、こんどは偽の周波数に変換される。この現象をエイリアシング (areasing) と呼ぶ。偽信号発生の様子を図3.5 に示した。

図3.5 エイリアシング

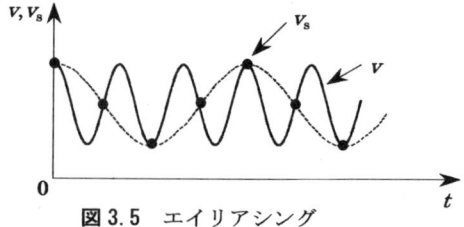

この場合、信号 v の周波数 f はサンプリングの周波数 f_s の3/4である。すなわち、周波数 f はナイキスト周波数 f_N の3/2倍である。サンプリングされた信号 v_s を点線で結ぶと、周波数は $f/3$ になっていることがわかる。つまり、周波数 $3f_N/2$ は偽周波数 $f_N/2$ に変換されている。これから、f_N を軸に $f_N/2$ 高い周波数が、$f_N/2$ 低い周波数に折り返していると予想される。これは図 3.6 で f_a が $f_N/2$ に等しい場合である。

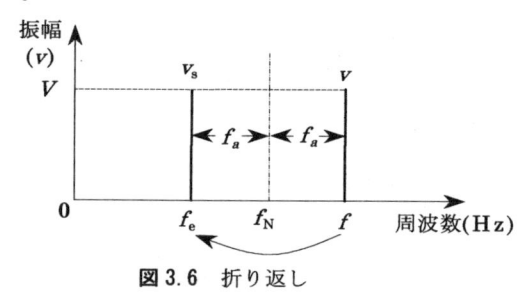

図3.6 折り返し

つぎに、任意の周波数でどうなるかを考える。信号 v の周波数がナイキスト周波数 f_N より f_a 高い場合、v は（3.2）式で表すことができる。

$$v = V\cos(\omega_N + \omega_a)t \quad \cdots(3.2)$$

出力 v_s は、時間 t がサンプリングの周期 T_s の m 倍とすると、つぎのようになる。sin の項は0になるからである。t が mT_s なら sin の項が0になるのは、ω が $\omega_N - \omega_a$ の場合も同様である。したがって、v_s は周波数が $\omega_N - \omega_a$ に変換されたように見える。

$$\begin{aligned}v_s &= V\cos(\omega_N + \omega_a)mT_s \\ &= V\cos\omega_N mT_s \cos\omega_a mT_s \\ &= V\cos(\omega_N - \omega_a)mT_s \\ &= V\cos(\omega_N - \omega_a)t \quad \cdots(3.3)\end{aligned}$$

これから、f_N を軸に f_a 高い周波数が、f_a 低い周波数に折り返していることが

3.1 AD 変換　　　37

わかる。

3.1.3 量子化

　図3.7は、量子化の様子を示している。下図は、量子化の機能を示すブロックである。上図は、アナログ信号v_sと量子化されて、白丸の量子化された信号v_qとの関係を示してある。また、v_qはサンプリング周期T_sの間、電圧が保持される。これをサンプルホールド（sample hold）という。

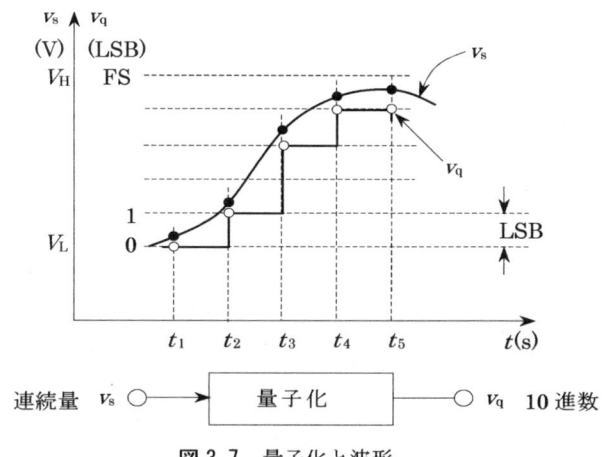

図3.7　量子化と波形

　いま信号v_sをNビットでAD変換すると、電圧V_LからV_Hまでを2^N-1で区分することになる。1区分または、V_Lを基準としたときの1番目の区分をLSB（Lowest Significant Bit）という。フルスケールFS（Full Scale）はAD変換できる最大の幅である。しかし、2^N-1をFSということもある。また、Nビットの最下位ビットもLSBという。

$$\text{FS} = (2^N-1)\,\text{LSB} = V_H - V_L \qquad \cdots(3.4)$$

そして、v_sは量子化によって、最大2^N-1の10進数で表される。これをv_qとするとv_qの少数点以下は切り捨てられている。

　量子化によって、切り捨て以外に、もうひとつの処理がされる。それは飽和である。飽和は、v_sがV_H以上になるとv_qを2^N-1で打ち切り、v_sがV_L以下になるとv_qを0でうち切る処理である。図3.8に飽和の処理を示した。この図では、サンプリングと量子化は目が細かく連続しているよう模式化した。

図 3.8 飽和と波形

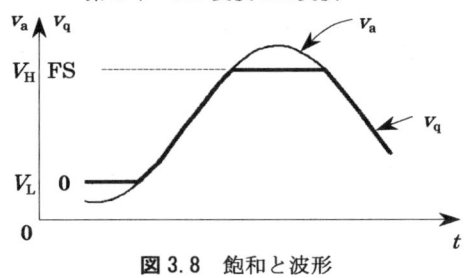

3.1.4 符号化

符号化では、10進数で表せる量子化された信号 v_q を、2進数の信号 v_b に変換している。v_b を N 桁の 2 進数で表すとつぎのようになる。

$$v_b = V_{N-1}\, V_{N-2}\, \cdots\, V_1 V_0 \qquad \cdots (3.5)$$

v_q と v_b の関係は (3.6) 式のように表すことができる。

$$v_q = 2^{N-1} V_{N-1} + 2^{N-2} V_{N-2} + \cdots + 2 V_1 + V_0 \qquad \cdots (3.6)$$

図 3.9 は、符号化の様子を示している。下図は、符号化の機能を示すブロックである。上図は、量子化された信号 v_q と、2進化された信号 v_b の関係を示している。ブロックの出力は、V_0 から V_{N-1} までの N 本の出力端子に並列出力される。また各ビットの出力は、1 か 0 のディジタルで表される。しかし、グラフの縦軸の単位を LSB としている。これにより、v_b は 10 進に読み替えられているので v_a と v_q と v_b の対応がつく。単位まで V に揃えることができる。したがって、便利かつ間違いが減る表示の方法である。

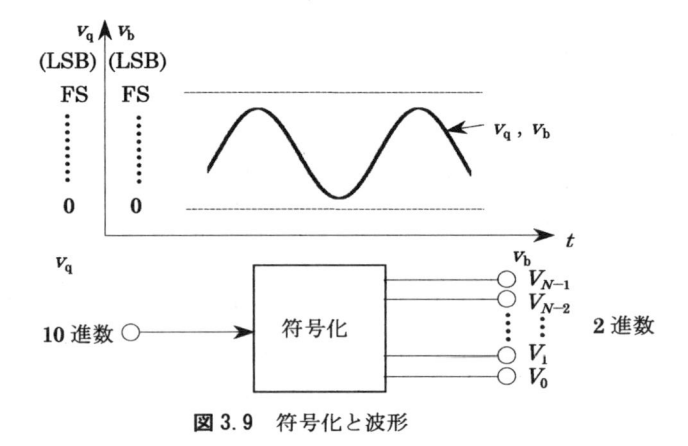

図 3.9 符号化と波形

3.2 符号処理と DA 変換

3.2.1 符号の付加

AD 変換を 3 ビットで実行している様子を、図 3.10 に示した。1 V から 4.5 V までを 0 LSB から 7 LSB に変換している。正弦波は 0 V を中心に振幅は正負両方向にまたがるので、このままでは変換できない。そこで中心値を 3V に持ち上げて、正弦波が 1 V から 4.5 V までの範囲に入るようにしている。つまり 3 V を加算している。これをバイアス（bias）という。

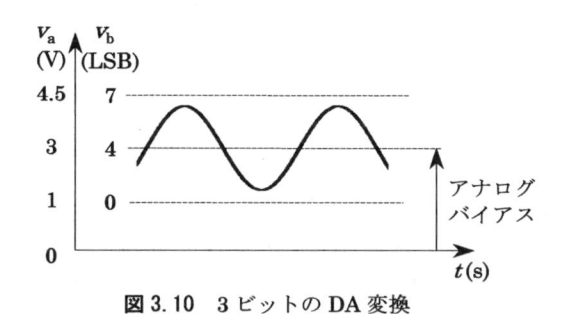

図 3.10 3 ビットの DA 変換

AD 変換された純 2 進信号 v_b は、中心値が 4 LSB でまだバイアスが残っている。正弦波を信号処理するには、バイアスを除去する必要がある。すなわち、図 3.10 の信号が微小だとしても、1 回加算するとバイアス分だけで 8 LSB となり、オーバフローしてしまう。そこで v_b から 4 LSB を減算することでバイアスが除去できる。この様子を、図 3.11 に示した。

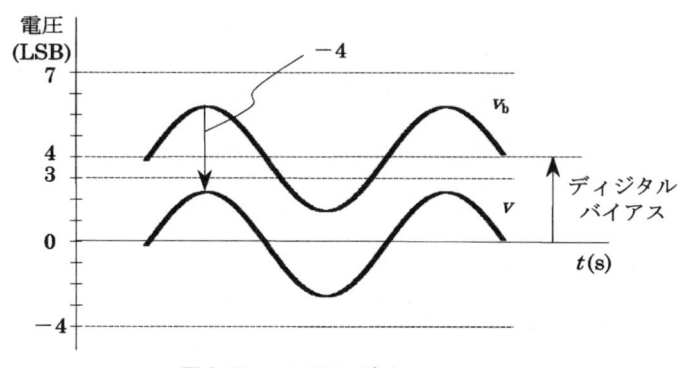

図 3.11 バイアス除去

つぎに符号付きの 2 進信号がどのようになっているのかを、図 3.12 に示した。v が正の場合には最上位ビット MSB（Maximum Significant Bit）が 0 であり、MSB 以下の値は 3 LSB のときが 11 と合致している。また、v が負の場合には MSB が 1 であり、MSB 以下の値は -1 LSB のときが 11 となって、2 の補数表示になっていることがわかる。つまり v は v_b から 2^{3-1} を減算することで、バイアスの除去と 2 の補数表示への変換をしたことになる。

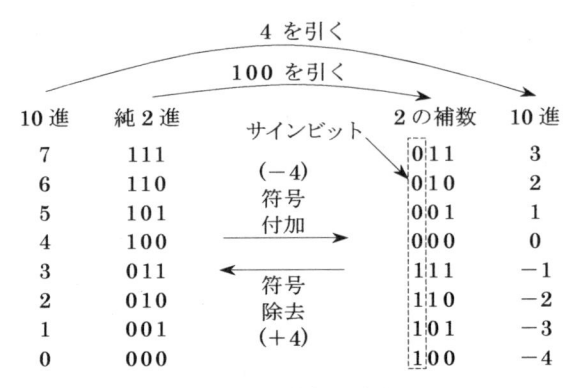

```
              4 を引く
        ┌─────────────────┐
        │  100 を引く     │
        │ ┌───────────┐   ↓
  10進  純2進  サインビット  2の補数  10進
   7    111                 0 1 1    3
   6    110    (−4)         0 1 0    2
   5    101    符号         0 0 1    1
   4    100    付加   →    0 0 0    0
   3    011         ←  符号 1 1 1   −1
   2    010            除去 1 1 0   −2
   1    001           (+4)  1 0 1   −3
   0    000                 1 0 0   −4
```

図 3.12　符号付加と除去

図 3.13 では、入力信号 v_a を N ビットで AD 変換したときの 2 進化出力を示している。すなわち、V_L から V_H までを 0 LSB から 2^N-1 LSB に変換している。

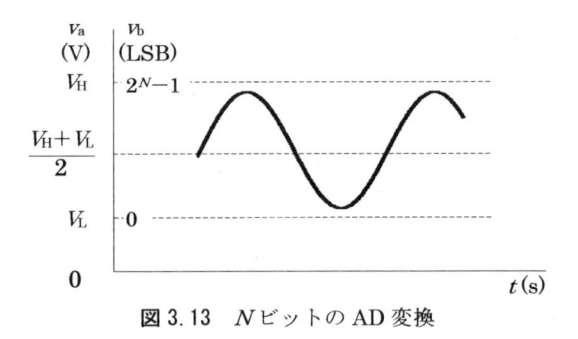

図 3.13　N ビットの AD 変換

これからバイアスを除去する様子を、図 3.14 に示している。すなわち、N ビットの純 2 進の信号 v_b から 2^{N-1} を減算することで、バイアスの除去と 2 の補数表示への変換をしたことになり、符号付きの 2 進信号 v を得ることができる。

3.2 符号処理とDA変換

$$v = v_b - 2^{N-1} \qquad \cdots (3.7)$$

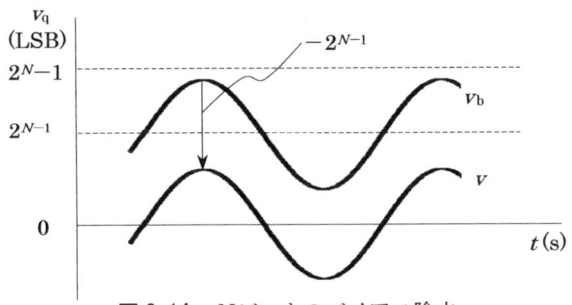

図3.14 Nビットのバイアス除去

3.2.2 DA変換

NビットのDA変換の構成例を図3.15に示す。

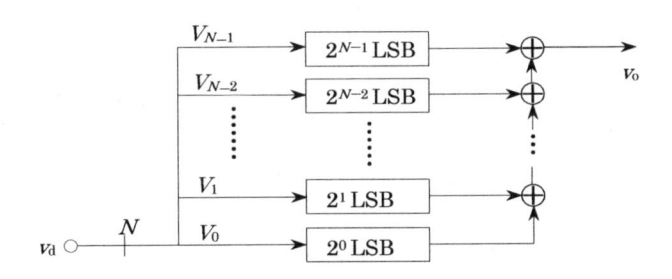

図3.15 DA変換

DA変換の入力v_dは2進数であり、10進では(3.8)式で表される。図3.15のDA変換はLSBを単位とする各桁の大きさの電圧をアナログで加算している。

$$v_d = 2^{N-1}V_{N-1} + 2^{N-2}V_{N-2} + \cdots + 2V_1 + V_0 \qquad \cdots (3.8)$$

したがって、DA変換の出力v_oはつぎのようになる。単位はVである。単位をLSBでいえば(3.8)式と同じになる。

$$v_o = (2^{N-1}V_{N-1} + 2^{N-2}V_{N-2} + \cdots + 2V_1 + V_0)\text{LSB} \qquad \cdots (3.9)$$

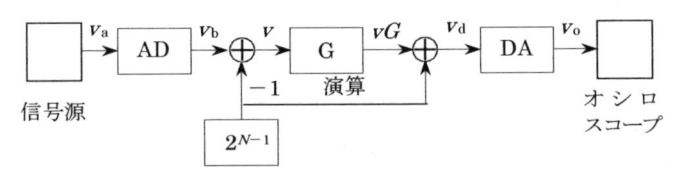

図3.16 演算結果の表示

図 3.16 は、伝達関数 G で演算した結果を、直接に DA 変換してオシロスコープで観測している状況を示す。ここで簡単のために G を 1 とすると、図 3.17 のように波形を見ることができる。v_a が $(V_1+V_H)/2$ 以下だと v_o は V_H にぶら下がってしまう。サインビットの 1 を、純 2 進の MSB が 1 であると DA 変換が読んでいる障害である。

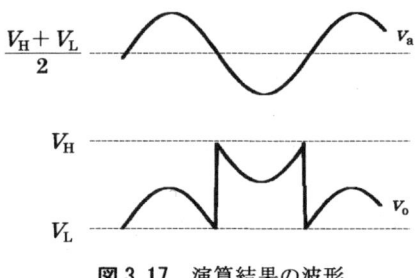

図 3.17　演算結果の波形

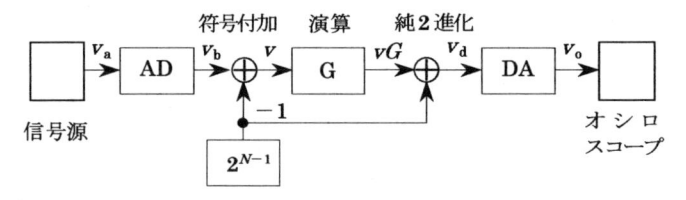

図 3.18　純 2 進化後の表示

　そこで、図 3.18 のように演算結果を純 2 進に変換するとこの障害が除かれると考えられる。純 2 進化は 2^{N-1} を加算することで実行される。

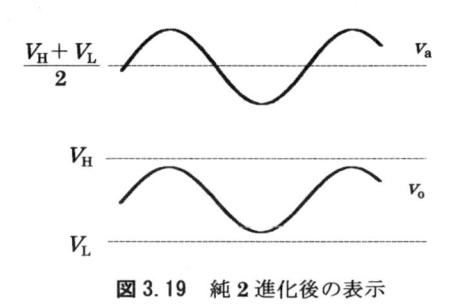

図 3.19　純 2 進化後の表示

簡単のために伝達関数 G を1として、図 3.18 のようにオシロスコープで波形を観測すると、v_o は図 3.19 のように波形は正しく復元することがわかる。

3.3 AD 変換 DA 変換の計算

3.3.1 AD 変換の計算

(1) 周波数 f_{sc} が 3.58 MHz の色信号を 90 度ごとにサンプリングする。このときのサンプリング周波数 f_s とナイキスト周波数 f_N を求める。(3.1.2 項参照)

  文字式 $f_s = 1/T_s = 4/T_{sc} = 4 f_{sc}$、$f_N = f_s/2$
  計算式 $4 \times 3.58\text{M} = 14.32\text{M}$、$14.32\text{M}/2 = 7.16\text{M}$
  結果 14.32 MHz、7.16MHz
  説明 1 周期に 4 回サンプリングするので $T_s = T_{sc}/4$ である。

(2) カラー映像信号は色信号の 2 次波を含むことが多い。2 次波の周波数は $2f_{sc}$ である。折り返し周波数 f_e が色信号の基本周波数 f_{sc} に重なって妨害となるサンプリング周波数を求める。(図 3.6 参照)

  文字式 $f_e = f_N - f_a = f_{sc}$、$f_N + f_a = 2f_{sc}$ であるから $f_s = 2f_N = 3f_{sc}$
  計算式 $3 \times 3.58\text{M} = 10.74\text{M}$
  結果 10.7 MHz
  説明 重なると妨害になるから、$3f_{sc}$ 以上のサンプリング周波数を使う必要がある。$4f_{sc}$ がよく使われる。図 2.17 に、カラー映像信号の帯域を示しているので参照のこと。

(3) 1 V_{p-p} のカラー映像信号を、8 ビットで AD 変換する場合、LSB の値を求める。(図 3.7 参照)

  文字式 $\text{LSB} = (V_H - V_L)/(2^N - 1)$
  計算式 $1/(2^8 - 1) = 1/255 = 0.003921$
  結果 3.92 mV

(4) 上記で輝度信号が黒、すなわち V_b が 286 mV の場合の量子化信号 v_q と 2 進化信号 v_b の値を求める。

  文字式 $v_q = V_b/\text{LSB}$

計算式　286 m /3.92m = 72.96
結果　　72 LSB，01001000
説明　　v_q は量子化により切り捨て処理がされている。

3.3.2　符号付加と DA 変換の計算

(1) 8 ビットの AD 変換後に符号付加をする。符号付加の式をあげて、v_b からいくら減算すべきかを求める。

文字式　$v = v_b - 2^{N-1}$
計算式　$2^{8-1} = 2^7 = 128$
結果　　128 LSB

(2) 8 ビットで AD 変換した映像信号の黒レベルは、前項の (4) により 72 LSB である。符号付加した値 v を求める。

文字式　$v = v_b - 2^{N-1}$
計算式　$72 - 2^{8-1} = 72 - 128 = -56$
結果　　-56 LSB

(3) 上記の黒レベルを 2 進数のコードで求める。

文字式　$v = v_b - 2^{N-1}$
計算式　01001000 − 10000000 = 11001000
結果　　11001000
説明　　ボローは無視するので単に MSB が反転しているだけである。コードには単位を付けない。

(4) 演算結果 vG のコードが 10110000 のとき純 2 進化した信号 v_d を求める。
（図 3.18 参照）

文字式　$v_d = vG + 2^{N-1}$
計算式　10110000 + 1000000 = 00110000
結果　　00110000
説明　　単に MSB が反転しているだけである。

(5) 上記を 10 進に読み替える。

文字式　$v_d = V_{N-1} 2^{N-1} + V_{N-2} 2^{N-2} + \cdots + V_0 2^0$

3.3 AD 変換 DA 変換の計算

計算式　$2^5 + 2^4 = 48$
結果　　48 LSB

(6) 上記を 8 ビットで V_L が 1V、V_H が 2V で DA 変換したときの出力 v_o を求める。

文字式　$v_o = v_d (V_H - V_L)/(2^N - 1) + V_L$
計算式　$48 \times 3.92\,\text{m} + 1 = 188\text{m} + 1000\text{m} = 1188\text{m}$
結果　　1.19 V

3.3.3 CD のディジタル音声信号

(1) CD にはサンプリング周波数 f_s が 41.7 k Hz で AD 変換されたディジタル音声信号が記録されている。ナイキスト周波数 f_N を求める。

文字式　$f_N = f_s/2$
計算式　$41.7\,\text{k}/2 = 20.85\,\text{k}$
結果　　20.9 kHz
説明　　可聴限界である 20.9 kHz までの周波数の音が再生できる。

(2) CD の録音をする場合、周波数 f が 40 kHz のノイズを AD 変換したとき、折り返した周波数 f_e を求める。

誘導　　図 3.6 より、f_e はつぎのようになる。
　　　　$f_e = f_N - f_a = f_s - f_N - f_a = f_s - f$
計算式　$41.7\,\text{k} - 40\,\text{k} = 1.7\,\text{k}$
結果　　1.7 kHz
説明　　可聴周波数外の 40 kHz のノイズが 1.7 kHz の可聴周波数に変換されて妨害を与えることがわかる。

(3) CD は音声信号を 14 ビットで AD 変換して記録している。フルスケール FS の LSB 値を求める。

文字式　$FS = 2^N - 1$
計算式　$2^{14} - 1 = 16383$
結果　　16 k LSB
説明　　(3.4) 式による。

(4) 上記のダイナミックレンジ DR（Dynamic Range）を求める。

  文字式 DR = 20 log FS
  計算式 20 log 16383 = 20 log 1.6383＋80
  結果 84.3 dB
  説明 1 LSB から 16383 LSB までの音を再現できるから、DR は FS 倍となるが、一般に dB で表す。

第 4 章

1次 FIR の周波数応答

4.1 遅延フィルタ

4.1.1 遅延の方法

1ビットの信号 v を、クロック CLK の周期 T_s 遅延するには、ゲート回路の D ラッチを使って行う。D ラッチの出力 v_0 が v を T_s 遅延したことになる。すなわち、図 4.1 に示す D ラッチは遅延フィルタとして動作していることになる。

ここで 1 ビット信号とは、モールス符号のようにパルス幅に信号が含まれる場合である。

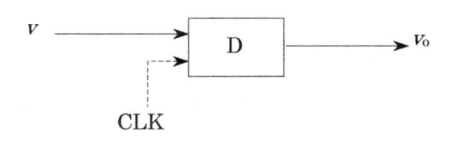

図 4.1　1 ビット信号の遅延

つぎに v が N ビットの場合について考える。N ビットの場合は、v が V_0 から V_{N-1} までの N 個の 1 ビット信号で構成されていると考えると、各々に D ラッチを配して遅延することによって、遅延された N ビットの信号 v_0 を得ることができる。

図 4.2 に、この構成を示した。すなわち、N 個の D ラッチにより N ビットの遅延フィルタが構成できる。

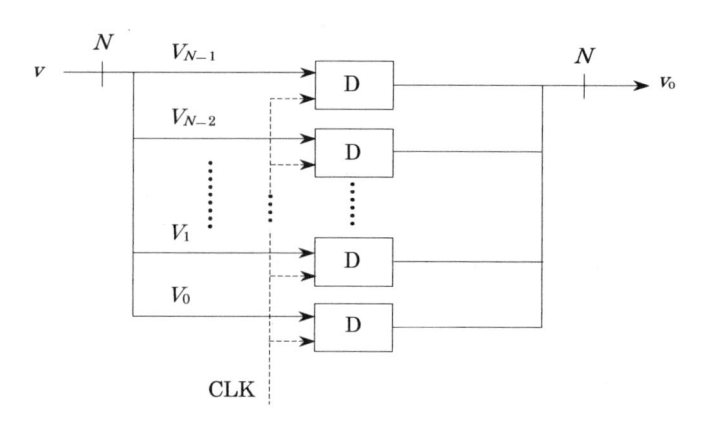

図 4.2 N ビット信号の遅延

v と v_0 の関係を波形で表すと、図 4.3 のようになる。v を正弦波とすると、v_0 は T_s の遅延を受けた正弦波である。

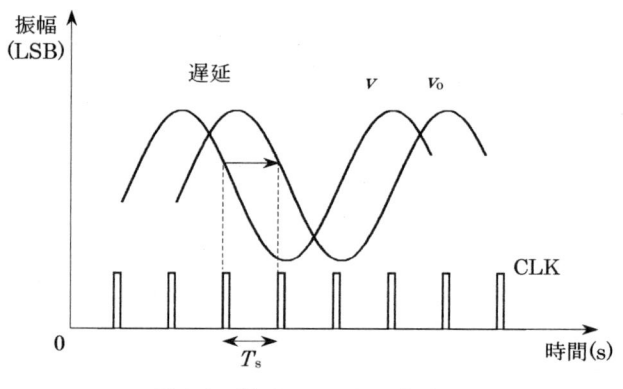

図 4.3 遅延フィルタの波形

4.1.2 遅延フィルタの伝達関数

図 4.3 の波形をベクトル表示すると、図 4.4 のようになる。信号 v を基準にとり実数軸に配し、T_s の遅延を受けた信号 v_0 は振幅が v と同じで角度が ωT_s 遅れている。ここに、大文字かつ太字で表された記号は、ベクトル表示であることを示している。

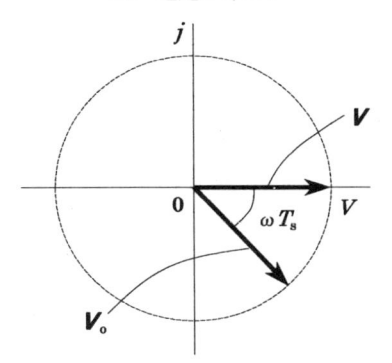

図 4.4　遅延のベクトル表示

これを式で表すと（4.1）式となる。

$$V_o = V\cos\omega T_s - jV\sin\omega T_s$$
$$= V(\cos\omega T_s - j\sin\omega T_s) \quad \cdots(4.1)$$

$\cos\omega T_s - j\sin\omega T_s$ はオイラーの公式によって $e^{-j\omega T_s}$ と表される。そして z 関数と呼ばれて、（4.2）式のように z^{-1} とも表される。

$$V_o = Ve^{-j\omega T_s} = Vz^{-1} \quad \cdots(4.2)$$

また、このフィルタのゲインは V_o/V で表されるから、つぎのように複素数になる。複素数のゲインのことを伝達関数という。すなわち、遅延時間が T_s の伝達関数は（4.3）式で表される。

$$G = z^{-1}$$
$$= e^{-j\omega T_s}$$
$$= \cos\omega T_s - j\sin\omega T_s \quad \cdots(4.3)$$

したがって、遅延フィルタは図 4.5 のように表すことができる。

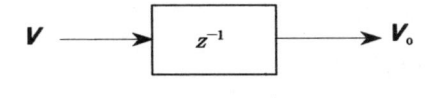

図 4.5　遅延フィルタ

4.1.3　多段の遅延

長い遅延時間が必要なときは、遅延フィルタを多段に縦続接続することで実現できる。図 4.6 に n 段に接続した場合を示した。

第4章　1次FIRの周波数応答

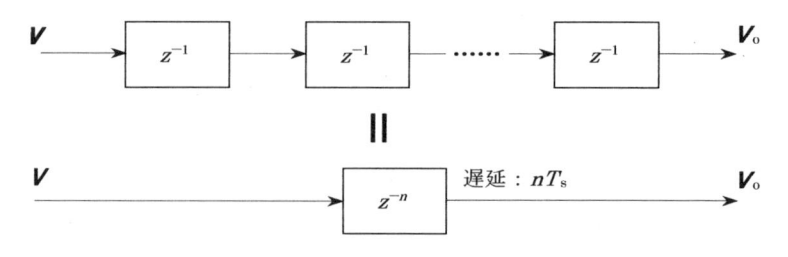

図4.6　多段遅延フィルタ

遅延時間を D とすると、T_s の n 倍になる。

$$D = nT_s \qquad \cdots(4.4)$$

つぎに遅延フィルタの応用例を示す。図4.7ではRGB信号から、輝度信号 Y と色信号 C に変換処理をしている。色信号は輝度信号よりも帯域が狭い。一般に狭帯域な処理をすると遅延が発生することが知られているが、この場合は遅延時間を nT_s とすると、色信号は Cz^{-n} と表すことができる。輝度信号 Y とは nT_s の時間差が生じるので、Y も遅延フィルタ z^{-n} を通して nT_s の遅延時間を与えて、遅延の等化を行っている。これにより、モニターに表示したときに発生する色ずれを防いでいる。

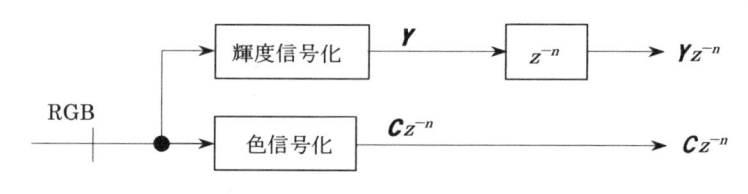

図4.7　YCの遅延等化

4.1.4　遅延の周波数特性

遅延の伝達関数は(4.3)式で表すことができる。これをベクトル表示すると、図4.8のようになる。

伝達関数は入力が1のときの出力であるから、図4.4と比較することで理解できる。

4.2 1次 LPF

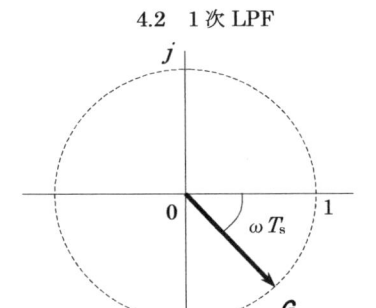

図 4.8 伝達関数のベクトル表示

また、遅延フィルタのゲインと位相は（4.5）式のように表せるので、遅延フィルタの周波数特性は図 4.9 のように表すことができる。

$$|G| = \sqrt{\cos^2 \omega T_s + \sin^2 \omega T_s} = 1$$
$$\angle G = -\omega T_s \qquad \cdots (4.5)$$

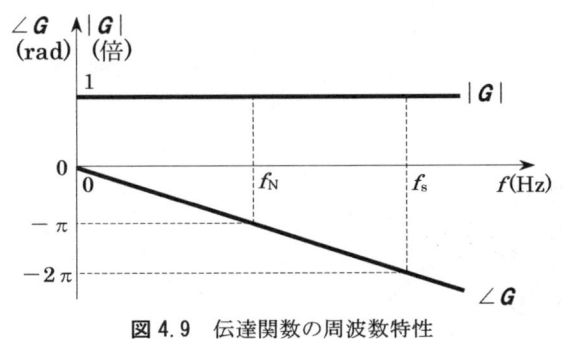

図 4.9 伝達関数の周波数特性

4.2 1次 LPF

4.2.1 基本 LPF

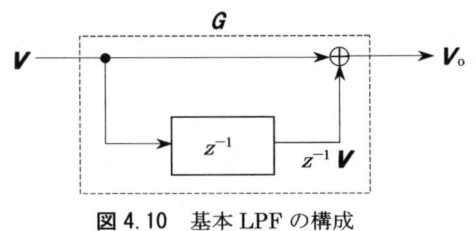

図 4.10 基本 LPF の構成

最も基本となる LPF（Low Pass Filter）を図 4.10 に示す。LPF は低い周波数の信号を通過させ、高い周波数の信号を阻止するフィルタである。

遅延前後の信号を加算する構成であり、出力 V_o はつぎのように表すことができる。

$$V_o = V(1+z^{-1}) \quad \cdots(4.6)$$

したがって伝達関数は、入力が 1 のときの出力と考えると（4.6）式に $V=1$ を代入して、（4.7）式のようになる。

$$G = 1 + z^{-1} \quad \cdots(4.7)$$

主要な周波数におけるゲインを表形式で算出してグラフを書き、図 4.11 に示した。周波数 f から ωT_s、z^{-1}、$1+z^{-1}$、$|1+z^{-1}|$ を得て、概略の周波数特性が把握できる。すなわち、低周波のゲインは 2 で、周波数が $f_s/4$ までが低周波信号の通過域である。つまり LPF になっている。$f_s/4$ のときゲインは低周波のときの $1/\sqrt{2}$ になる。この周波数をカットオフ周波数（cut off frequency）という。カットオフ周波数以上ナイキスト周波数 $f_s/2$ 付近までを遷移域と呼ぶ。$f_s/2$ 付近は谷になっている。これをノッチ（notch）と呼び、ノッチ近傍の高周波信号は伝達されない。この領域を阻止域と呼ぶ。

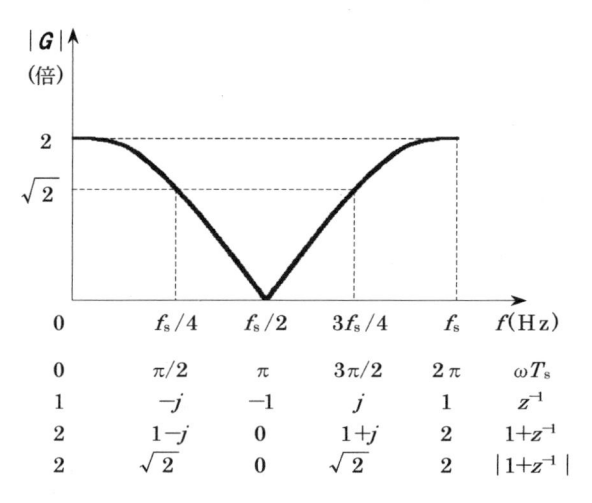

f(Hz)	0	$f_s/4$	$f_s/2$	$3f_s/4$	f_s
ωT_s	0	$\pi/2$	π	$3\pi/2$	2π
z^{-1}	1	$-j$	-1	j	1
$1+z^{-1}$	2	$1-j$	0	$1+j$	2
$|1+z^{-1}|$	2	$\sqrt{2}$	0	$\sqrt{2}$	2

図 4.11　基本 LPF の周波数特性

つぎに詳細な周波数特性を得ることを考え、伝達関数を変形する。

$$G = 1 + z^{-1}$$

4.2 1次LPF

$$= z^{-1/2}(z^{1/2} + z^{-1/2})$$
$$= 2\,z^{-1/2}\cos\frac{\omega T_s}{2} \qquad \cdots(4.8)$$

$|z^{-1/2}|$ は 1 であるから、ゲインは (4.9) 式となる。

$$|G| = 2\,\left|\cos\frac{\omega T_s}{2}\right| \qquad \cdots(4.9)$$

これをグラフにするとゲインの周波数特性を得ることができる。

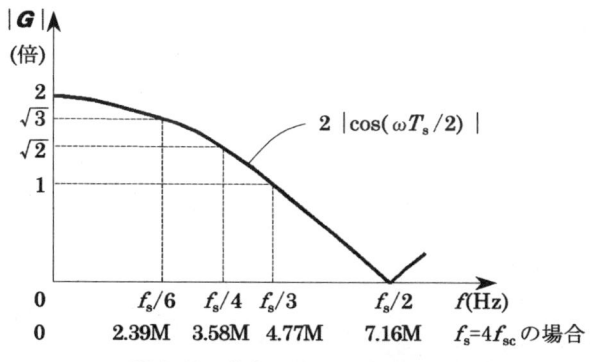

図 4.12 基本 LPF の詳細特性

この図では、サンプリング周波数 f_s が、色信号の周波数 f_{sc} の 4 倍の場合について周波数軸を例示した。カラー映像信号に用いると、4.2MHz 以上の高い周波数のノイズが除去できる。とくに AD 変換で発生するナイキスト周波数付近の折り返しが除去できて好都合である。

4.2.2 多段遅延1次 LPF

遅延が 2 段になると、LPF の構成は図 4.13 のように表すことができる。

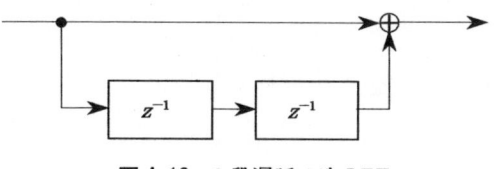

図 4.13 2 段遅延 1 次 LPF

遅延フィルタが 2 段の伝達関数は z^{-2} であるから、LPF の伝達関数はつぎのようになる。

$$G = 1 + z^{-2}$$
$$= z^{-1}(z + z^{-1})$$
$$= 2z^{-1}\cos\omega T_s \qquad \cdots(4.10)$$

$|z^{-1}|$ は 1 であるから、ゲインは（4.11）式となる。

$$|G| = 2|\cos\omega T_s| \qquad \cdots(4.11)$$

これをグラフにするとゲインの周波数特性を得ることができる。1 段の LPF と比べて周波数軸が 1/2 になっていることがわかる。

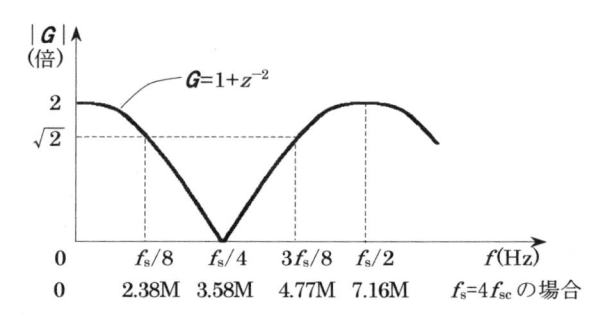

図 4.14　2 段遅延 LPF の周波数特性

すなわち、ノッチの周波数が $f_{sc} = 3.58\mathrm{MHz}$ になる。これは、カラー映像信号 $V = Y + C$ から C を除去して Y を分離する機能を持っていることになる。つまり Y 分離は図 4.15 の構成で行うことができる。

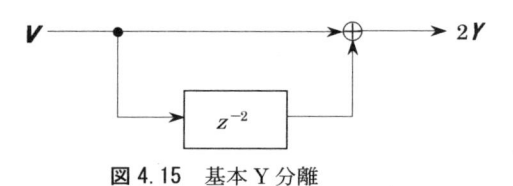

図 4.15　基本 Y 分離

n 段遅延の 1 次 LPF は、図 4.16 の構成となる。

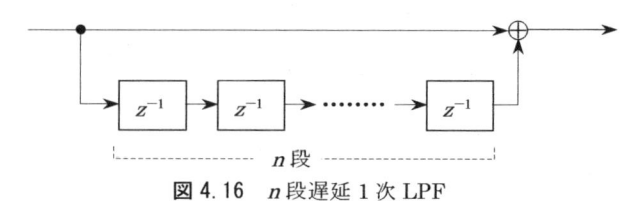

図 4.16　n 段遅延 1 次 LPF

伝達関数はつぎのように表すことができる。

$$\begin{aligned} \boldsymbol{G} &= 1 + z^{-n} \\ &= z^{-n/2}\left(z^{n/2} + z^{-n/2}\right) \\ &= 2z^{-n/2}\cos\frac{n\omega T_s}{2} \end{aligned} \quad \cdots(4.12)$$

$|z^{-n/2}|$ は 1 であるから、ゲインは（4.13）式となる。

$$|\boldsymbol{G}| = 2\left|\cos\frac{n\omega T_s}{2}\right| \quad \cdots(4.13)$$

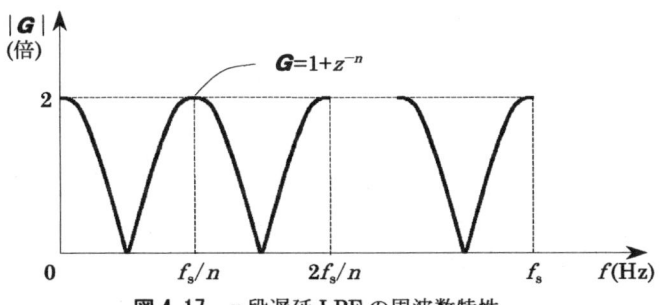

図 4.17 n 段遅延 LPF の周波数特性

ゲインの周波数特性は、図 4.17 のようにナイキスト周波数以下に複数の谷を持ち、櫛の歯状になる。そこで、このようなフィルタを櫛形フィルタという。

4.3 1 次 HPF

4.3.1 基本 HPF

最も基本となる HPF（high Pass Filter）を図 4.18 に示す。HPF は高い周波数の信号を通過させ、低い周波数の信号を阻止するフィルタである。

遅延前後の信号を減算する構成である。矢印に付けた数字は係数であって、図 4.18 の場合は -1 であるから $\boldsymbol{V}z^{-1}$ を減算することになる。

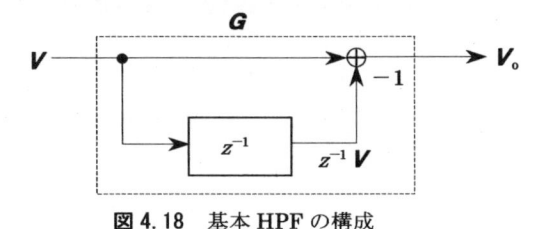

図 4.18 基本 HPF の構成

出力 V_o はつぎのように表すことができる。

$$V_o = V - Vz^{-1}$$
$$= V(1 - z^{-1}) \qquad \cdots(4.14)$$

したがって伝達関数は、入力が1のときの出力と考えると (4.14) 式に $V=1$ を代入して、(4.15) 式のようになる。

$$G = 1 - z^{-1} \qquad \cdots(4.15)$$

主要な周波数におけるゲインを算出して、図 4.19 に示した。周波数 f から ωT_s、z^{-1}、$1-z^{-1}$、$|1-z^{-1}|$ を得て、概略の周波数特性が把握できる。すなわち、ナイキスト周波数 $f_s/2$ 付近はゲインが2で、周波数が $f_s/4$ までは通過域である。つまり HPF になっている。低周波信号の通過域である。$f_s/4$ のときゲインはナイキスト周波数のときの $1/\sqrt{2}$ になる。この周波数がカットオフ周波数である。カットオフ周波数以下から周波数が0付近までが遷移域で、周波数が0でノッチになってその近傍ではゲインは0に近く阻止域を形成している。

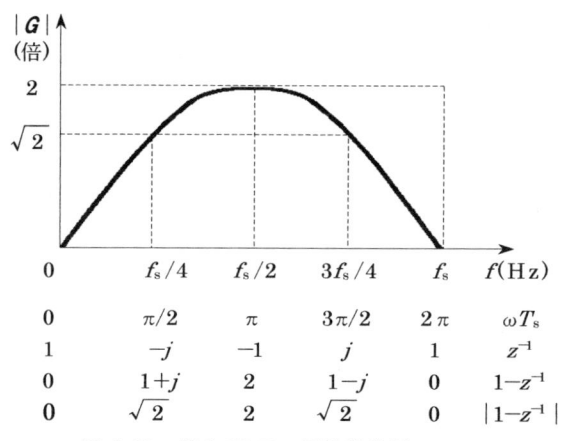

f(Hz)	0	$f_s/4$	$f_s/2$	$3f_s/4$	f_s
ωT_s	0	$\pi/2$	π	$3\pi/2$	2π
z^{-1}	1	$-j$	-1	j	1
$1-z^{-1}$	0	$1+j$	2	$1-j$	0
$|1-z^{-1}|$	0	$\sqrt{2}$	2	$\sqrt{2}$	0

図 4.19 基本 HPF の周波数特性

つぎに詳細な周波数特性を得ることを考える。伝達関数はつぎのように表すことができる。

$$\begin{aligned}G &= 1 - z^{-1} \\ &= z^{-1/2}(z^{1/2} - z^{-1/2}) \\ &= 2jz^{-1/2}\sin\frac{\omega T_s}{2}\end{aligned} \qquad \cdots(4.16)$$

4.3 1次HPF

$|jz^{-1/2}|$ は1であるから、ゲインは (4.17) 式となる。

$$|G| = 2 \left|\sin\frac{\omega T_s}{2}\right| \qquad \cdots(4.17)$$

これをグラフにするとゲインの周波数特性を得ることができる。

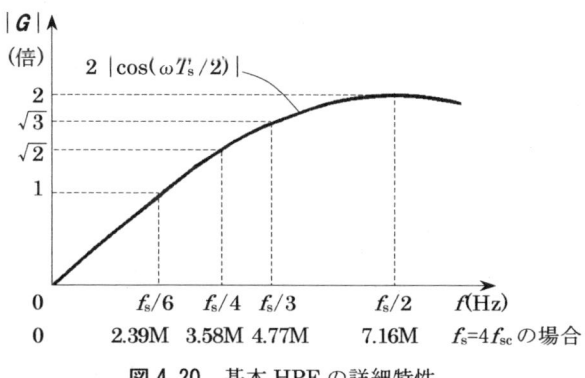

```
|G|
(倍)
 2  ─────── 2|cos(ωTs/2)|
√3
√2
 1

 0   fs/6  fs/4  fs/3   fs/2    f(Hz)
 0  2.39M 3.58M 4.77M  7.16M   fs=4fsc の場合
```

図 4.20　基本 HPF の詳細特性

この図では、サンプリング周波数 f_s が、色信号の周波数 f_{sc} の4倍の場合について周波数軸を例示した。

4.3.2 多段遅延1次HPF

遅延が2段になると、HPFの構成は図4.21のように表すことができる。

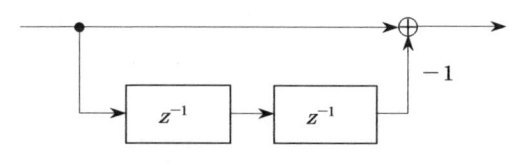

図 4.21　2段遅延1次 HPF

遅延フィルタが2段の伝達関数は z^{-2} であるから、LPFの伝達関数はつぎのようになる。

$$\begin{aligned}
G &= 1 - z^{-2} \\
&= z^{-1}(z - z^{-1}) \\
&= 2jz^{-1}\sin\omega T_s
\end{aligned} \qquad \cdots(4.18)$$

$|jz^{-1}|$ は1であるから、ゲインは (4.19) 式となる。

$$|G| = 2|\sin\omega T_s| \qquad \cdots(4.19)$$

これをグラフにするとゲインの周波数特性を得ることができる。1 段の HPF と比べて周波数軸が 1/2 になっていることがわかる。

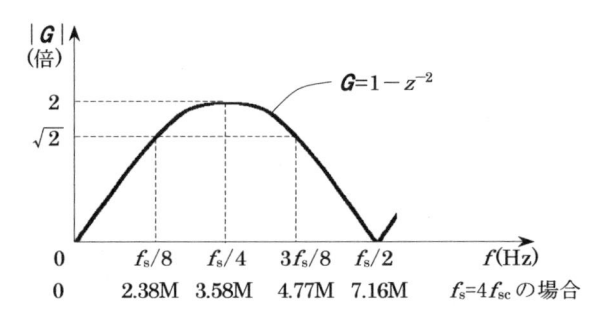

図 4.22　2 段遅延 HPF の周波数特性

すなわち、ゲインがピーク（peak）になる周波数が 3.58MHz であることがわかる。これは f_{sc} であるから、カラー映像信号 $V = Y + C$ から Y を除去して C を分離する機能を持っていることになる。つまり、C 分離は図 4.23 の構成で行うことができる。またこの HPF は、ナイキスト周波数以下でピークを持つため、BPF（Band Pass Filter）でもある。

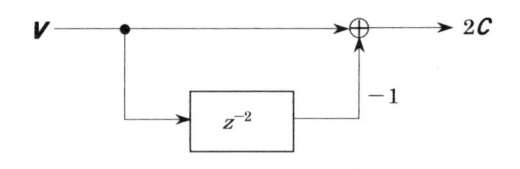

図 4.23　基本 C 分離

n 段遅延の 1 次 HPF は、図 4.24 の構成となる。

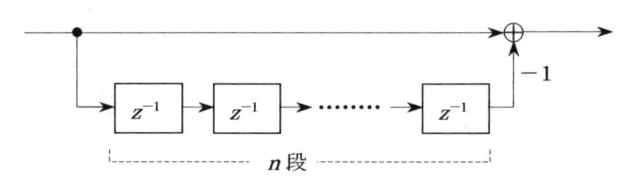

図 4.24　n 段遅延 1 次 HPF

4.4 1次FIRの周波数応答に関する計算

伝達関数はつぎのように表すことができる。

$$G = 1 - z^{-n}$$
$$= z^{-n/2}(z^{n/2} - z^{-n/2})$$
$$= 2jz^{-n/2}\sin\frac{n\omega T_s}{2} \qquad \cdots(4.20)$$

$|jz^{-n/2}|$ は1であるから、ゲインは（4.21）式となる。

$$|G| = 2\left|\sin\frac{n\omega T_s}{2}\right| \qquad \cdots(4.21)$$

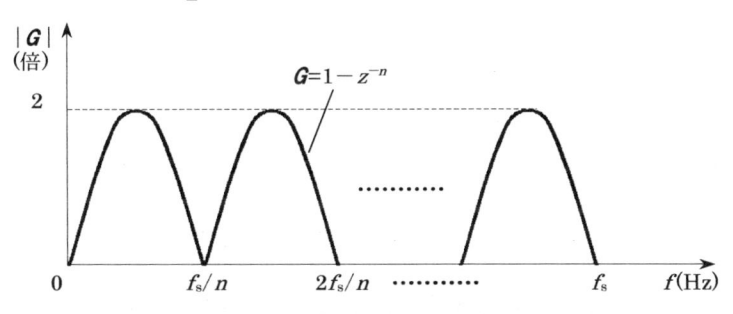

図 4.25　n 段遅延 HPF の周波数特性

ゲインの周波数特性は、図 4.25 のようにナイキスト周波数以下に複数の谷を持ち櫛の歯状になるので、このフィルタは櫛形フィルタである。

4.4　1次FIRの周波数応答に関する計算

4.4.1　遅延フィルタの計算

(1) 信号の周波数が $f_s/8$ における遅延フィルタの伝達関数 G を求める。遅延フィルタは1段とする。（図 4.8 参照）

　　　文字式　$G = \cos\omega T_s - j\sin\omega T_s = \cos\pi/4 - j\sin\pi/4$
　　　計算式　$\sqrt{2}/2 - j\sqrt{2}/2$
　　　結果　　$\sqrt{2}/2 - j\sqrt{2}/2$
　　　　　　　$1/\sqrt{2} - j/\sqrt{2}$
　　　　　　　$2^{-1/2} - j2^{-1/2}$
　　　説明　　結果は3種類の方法で示したが、同じ値を表している。

(2) サンプリング周波数が $8\,f_{sc}$ のとき、8 段の遅延フィルタの遅延時間 D を求める。(図 4.6 参照)

  文字式 $D = n\,T_s = n/f_s = n/8\,f_{sc}$
  計算式 $8/8 \times 3.58\,\text{M} = 0.2793\,\mu$
  結果 279 ns

(3) サンプリング周波数を $4\,f_{sc}$ としているとき、遅延時間を $T_{sc}/2$ とするのに必要な遅延の段数を求める。

  文字式 $n = D/T_s = D f_s = 2 T_{sc} f_{sc} = 2$
  結果 2 段

4.4.2 1 次 LPF の計算

(1) サンプリング周波数が $8 f_{sc}$ で Y 分離をするとき、これに必要な遅延の段数 n を求める。(図 4.17 参照)

  文字式 $n = D/T_s = D f_s = 8 D f_{sc} = 4 T_{sc} f_{sc} = 4$
  結果 4 段
  説明 Y 分離をするには $T_{sc}/2$ の遅延が必要である。

(2) 3 段の遅延で Y 分離をするとき、これに必要なサンプリング周波数 f_s を求める。

  文字式 $f_s = 1/T_s = n/D = 2n/T_{sc} = 2n f_{sc}$
  計算式 $2 \times 3 \times 3.58\,\text{M} = 21.48\,\text{M}$
  結果 21.5 MHz

4.4.3 1 次 HPF の計算

(1) サンプリング周波数が $6\,f_{sc}$ のとき、C 分離をするのに必要な遅延の段数 n を求める。(図 4.25 参照)

  文字式 $n = D/T_s = D f_s = 6 D f_{sc} = 3 T_s f_{sc} = 3$
  結果 3 段
  説明 C 分離をするには $T_{sc}/2$ の遅延が必要である。

(2) 4 段の遅延で Y 分離をするとき、これに必要なサンプリング周波数 f_s を

求める。

文字式　$f_s = 1/T_s = n/D = 2n/T_{sc} = 2nf_{sc}$

計算式　$2 \times 4 \times 3.58 \text{ M} = 28.64 \text{ M}$

結果　28.6 MHz

4.4.4 音声信号のフィルタ

(1) サンプリング周波数 f_s が 41.7 k Hz のディジタル音声信号を 1 次 LPF で処理をして高音のノイズを除去する。このときの遅延フィルタの遅延時間 T_s を求める。

文字式　$T_s = 1/f_s$

計算式　$1/41.7 \text{ k} = 0.02398 \text{ m}$

結果　$24 \mu \text{s}$

説明　図 4.3 参照

(2) 上記で、カットオフ周波数 f_0 を求める。

文字式　$f_0 = f_s/4$

計算式　$41.7 \text{ k}/4 = 10.43 \text{ k}$

結果　10.4 kHz

説明　図 4.11 参照。カットオフ周波数は $f_s/4$ である。この問題ではカットオフ周波数を記号で f_0 と表している。

第 5 章
2次 FIR の周波数応答

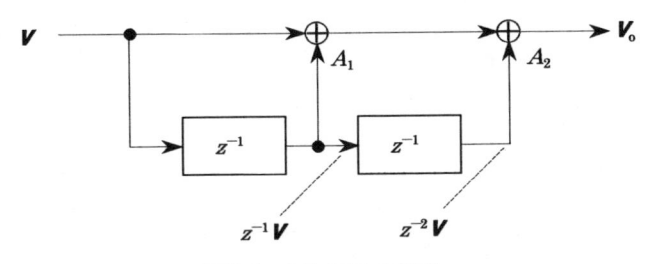

5.1 2次 FIR の構成と伝達関数

5.1.1 2次 FIR の構成

1次の LPF や HPF では遮断域がノッチで狭かったが、2次 FIR (Finite Impulse Response) によると遮断域を広げることができる。また、2次 FIR によれば、任意の周波数のノッチを形成できるなど、特徴あるフィルタが実現できる。

図 5.1 に 2次 FIR の構成を示す。

図 5.1 2次 FIR の構成

1段目の遅延出力 $z^{-1}V$ と、係数 A_1 の積に入力 V を加えて 1次 FIR を構成している。これに、2段の遅延出力 $z^{-2}V$ と係数 A_2 の積を加えて、2次 FIR を構成している。

5.1.2 2次 FIR の伝達関数

図 5.1 の出力 V_o は、つぎのように表すことができる。

第5章 2次FIRの周波数応答

$$V_o = V + A_1 z^{-1} V + A_2 z^{-2} V \qquad \cdots(5.1)$$

伝達関数 G は V_o/V であるから、(5.2)式となる。

$$G = 1 + A_1 z^{-1} + A_2 z^{-2} \qquad \cdots(5.2)$$

周波数特性は f に 0 から $f_s/2$ まで代入すると計算できる。ここでは 5.2 節以降で $A_2=1$ の場合について調べる。

5.2　2次LPF

5.2.1　2次LPFの構成

2次LPFは、$A_1=2$ および $A_2=1$ とすることで得ることができる。図 5.2 に構成を示した。

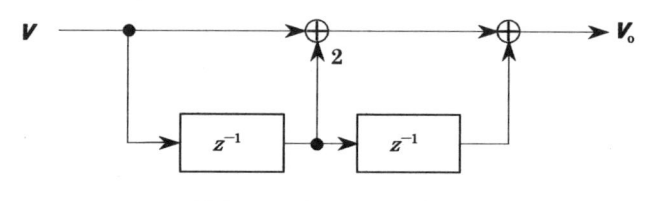

図 5.2　2次LPFの構成

5.2.2　2次LPFの周波数特性

伝達関数はつぎのように表すことができる。

$$\begin{aligned}G &= 1 + 2z^{-1} + z^{-2} \\ &= (1 + z^{-1})^2 \end{aligned} \qquad \cdots(5.3)$$

これは1次LPFの伝達関数を2乗した形になっている。したがって、図 5.3 のような周波数特性になると考えられる。

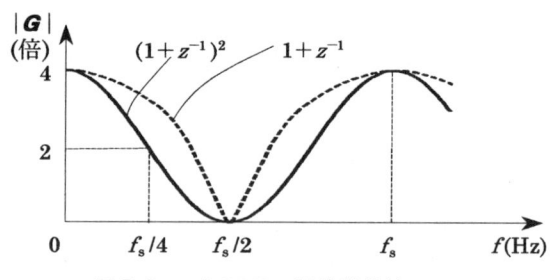

図 5.3　2次LPFの周波数特性

伝達関数はつぎのように変形できる。

$$G = z^{-1}(z + 2 + z^{-1})$$
$$= 2z^{-1}(1 + \cos\omega T_s) \qquad \cdots(5.4)$$

したがって、ゲインは（5.5）式となる。

$$|G| = 2(1 + \cos\omega T_s) \qquad \cdots(5.5)$$

すなわち、図 5.3 の周波数特性となり、$f_s/2$ 付近におけるゲインを広い周波数範囲にわたって低下させることができる。

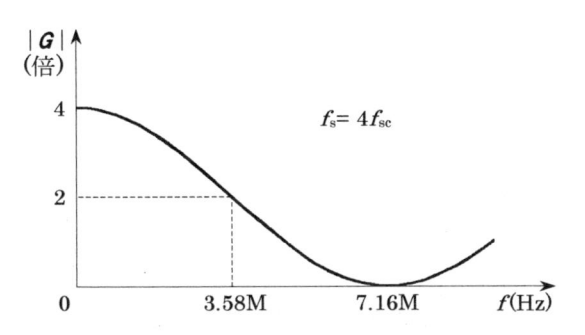

図 5.4　Y 信号用 LPF の周波数特性

図 5.4 は、これを映像信号に応用しており、サンプリング周波数を $4f_{sc}$ としている。とくに、ナイキスト周波数付近の折り返しを効果的に除去できる。

5.3　2次 HPF の構成と伝達関数

5.3.1　2次 HPF の構成

2次 HPF は、$A_1 = -2$ および $A_2 = 1$ とすることで得ることができる。図 5.5 に構成を示した。

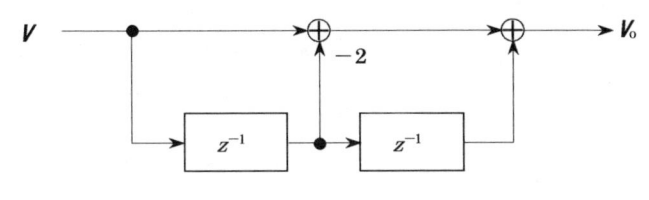

図 5.5　2次 HPF の構成

5.3.2 2次HPFの周波数特性

伝達関数はつぎのように表すことができる。

$$G = 1 - 2z^{-1} + z^{-2}$$
$$= (1 - z^{-1})^2 \qquad \cdots(5.6)$$

これは1次HPFの伝達関数を2乗した形になっている。したがって、図5.6のような周波数特性になると考えられる。

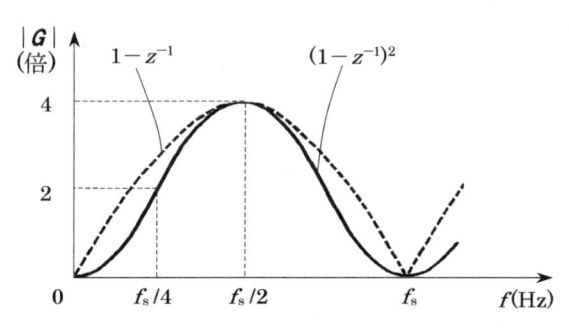

図5.6　2次HPFの周波数特性

伝達関数はつぎのように変形できる。

$$G = z^{-1}(z - 2 + z^{-1})$$
$$= -2z^{-1}(1 - \cos\omega T_s) \qquad \cdots(5.7)$$

したがって、ゲインは（5.8）式となる。

$$|G| = 2(1 - \cos\omega T_s) \qquad \cdots(5.8)$$

すなわち、図5.6の周波数特性となり、周波数が0付近におけるゲインを広い周波数範囲にわたって低下させることができる。

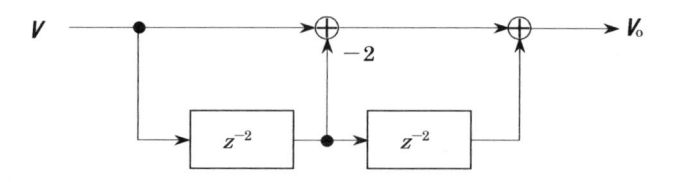

図5.7　C分離用BPFの構成

図5.7は、これを色信号分離に応用しており、サンプリング周波数を $4f_{sc}$ としている。そして2段の遅延を2回行っている。伝達関数とゲインは、つぎの

ようになる。

$$G = 1 - 2z^{-2} + z^{-4}$$
$$= z^{-2}(z^2 - 2 + z^{-2})$$
$$= -2z^{-2}(1 - \cos 2\omega T_s) \qquad \cdots(5.9)$$

したがって、ゲインは（5.10）式となる。

$$|G| = 2(1 - \cos 2\omega T_s) \qquad \cdots(5.10)$$

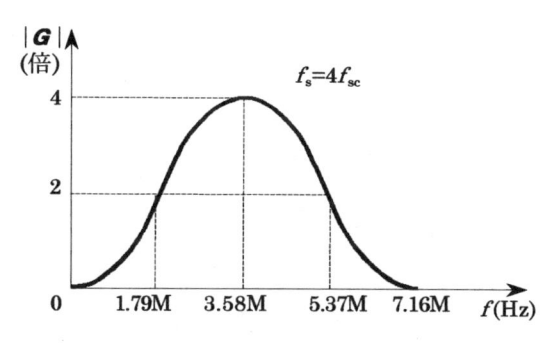

図 5.8　C 分離用 BPF

周波数特性は図 5.8 に示すように、BPF の特性を持ち、色信号の下側の不要帯域の減衰が大きくなっている。したがって、図 4.22 に示した 2 段遅延 BPF の場合に比べて実用的と考えられる。

5.4　ノッチフィルタ

5.4.1　ノッチフィルタの構成

2 次 FIR によれば、任意の周波数のノッチ（notch）を形成できる。(5.2) 式で A_1 が任意で A_2 が 1 の場合である。図 5.9 にノッチフィルタの構成を示す。

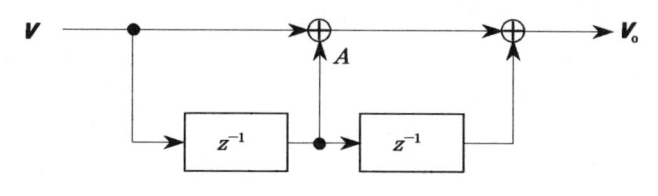

図 5.9　ノッチフィルタの構成

5.4.2 ノッチフィルタの周波数特性

伝達関数はつぎのようになる。

$$G = 1 + Az^{-1} + z^{-2}$$
$$= z^{-1}(z + A + z^{-1})$$
$$= z^{-1}(A + 2\cos\omega T_s) \qquad \cdots(5.11)$$

したがって、ゲインは（5.12）式となる。

$$|G| = |A + 2\cos\omega T_s| \qquad \cdots(5.12)$$

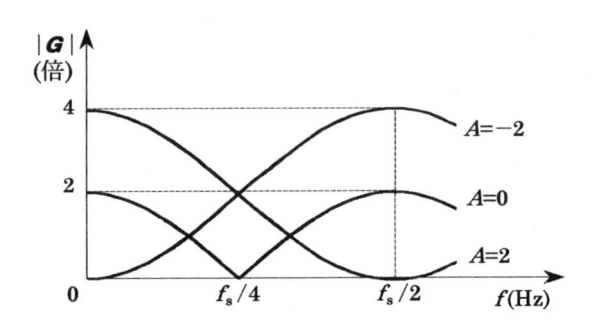

図 5.10 ノッチ周波数

A を変えたときの周波数特性の変化を図 5.10 に示した。A が 2 から -2 に変化するとノッチ周波数が $f_s/2$ から 0 まで移動することがわかる。

任意の周波数 f_n でノッチを得るには、（5.12）式を 0 とおいて係数を求める。結果は、つぎの式で表される。

$$A = -2\cos\omega_n T_s \qquad \cdots(5.13)$$

このときの伝達関数は（5.14）式で表される。

$$G = 2(\cos\omega T_s - \cos\omega_n T_s) \qquad \cdots(5.14)$$

そして、周波数が 0 のときのゲイン G_0 と、ナイキスト周波数 f_N のときのゲイン G_N は、つぎのようになる。

$$G_0 = A + 2 \qquad \cdots(5.15)$$
$$G_N = 2 - A \qquad \cdots(5.16)$$

このような、任意のノッチ周波数を持つノッチフィルタの周波数特性は、図 5.11 のように表すことができる。

5.4 ノッチフィルタ

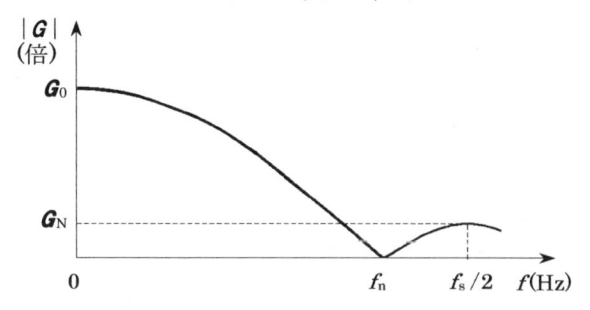

図 5.11 ノッチフィルタの周波数特性

ここで、遅延が m 段の場合について考える。伝達関数はつぎのようになる。

$$G = 1 + Az^{-m} + z^{-2m}$$
$$= z^{-m}(z^m + A + z^{-m})$$
$$= z^{-m}(A + 2\cos m\omega T_s) \qquad \cdots(5.17)$$

したがって、ゲインは (5.18) 式となる。

$$|G| = |A + 2\cos m\omega T_s| \qquad \cdots(5.18)$$

任意の周波数 f_n でノッチを得るには、(5.18)式を 0 とおいて係数を求める。結果は、つぎの式で表される。

$$A = -2\cos m\omega_n T_s \qquad \cdots(5.19)$$

5.4.3 YC 分離フィルタと妨害除去

Y の分離と C の分離を一括して行う、YC 分離フィルタを図 5.12 に示す。これは、図 4.15 の基本 Y 分離と図 4.23 の基本 C 分離を同時に行っている。単純で、効率がよい。

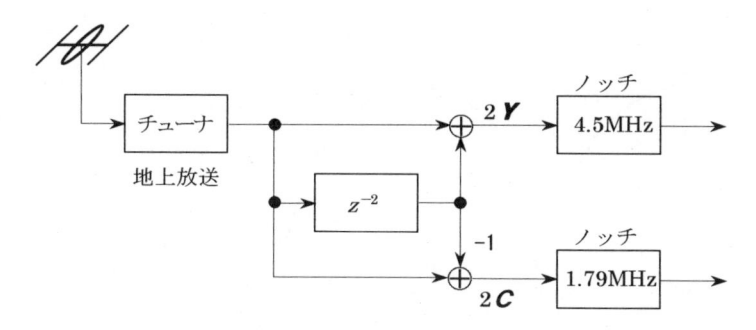

図 5.12 YC 分離の妨害除去

しかし、帯域外の信号の遮断能力は必ずしも十分でない。そこでノッチを使って不要な信号を遮断している。

テレビ放送を受信した場合、チューナから 4.5 MHz の FM 音声信号が漏れやすい。これは映像に縞模様の妨害を与える。そこで 4.5 MHz のノッチフィルタで取り除く。また、カラー映像信号 V に $f_{sc}/2$ 成分が含まれると、色信号処理過程の 2 次歪によって f_{sc} 成分が発生して色に妨害が発生する。これをクロスカラーという。そこで 1.79 MHz のノッチフィルタで取り除く。

ここで、図 4.23 の基本 C 分離と同様に 2 段遅延による $f_{sc}/2$ のノッチフィルタの係数 A を求めてみる。サンプリング周波数が $4f_{sc}$ なら、(5.19) 式の $m\omega_n T_s$ は $\pi/2$ となるので A は 0 である。

$$A = -2\cos(2\pi f_{sc}/4f_{sc})$$
$$= 0 \qquad \cdots(5.20)$$

したがって、クロスカラー除去用のフィルタは、図 5.13 のように LPF の構成となる。

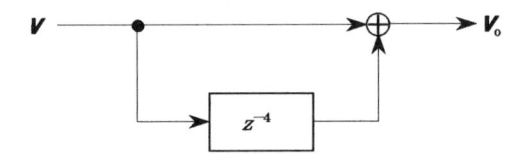

図 5.13 クロスカラー除去フィルタ

周波数特性は図 5.14 に示すように、1.79MHz のノッチと、上には 5.37 MHz のノッチが形成される。

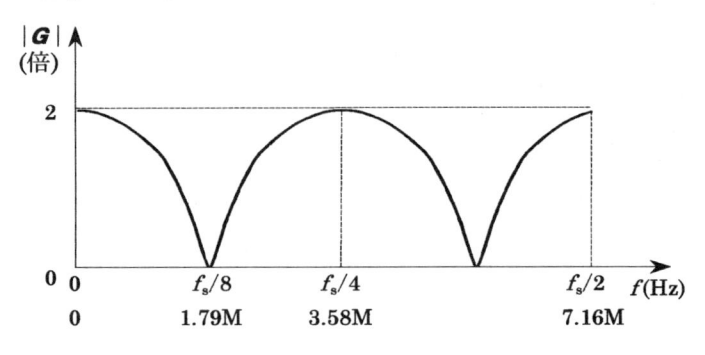

図 5.14 クロスカラー除去フィルタの周波数特性

5.5 2次FIRの周波数特性に関する計算

5.5.1 2次LPFの周波数特性の計算

(1) 2次LPFは、$A_1 = 2$ および $A_2 = 1$ とすることで得ることができる。サンプリング周波数が $4f_{sc}$ のとき、周波数 f が $f_{sc}/2$ におけるゲインを求める。周波数特性はY信号用LPFで、概要は図5.4に示した。

   文字式　$|\boldsymbol{G}| = 2(1+\cos\omega T_s) = 2(1+\cos\pi/4)$
   計算式　$2(1+\sqrt{2}/2) = 3.414$
   結果　　3.41倍
   説明　　ω と T_s を f_{sc} で表すと数値になる。

(2) 上記(1)の周波数特性で、ゲイン $|\boldsymbol{G}|$ が1となる周波数を求める。

   文字式　$\cos^{-1}(|\boldsymbol{G}|/2 - 1) = \omega T_s = \pi f/2f_{sc}$
   計算式　$2\pi/3 = \pi f/2 \times 3.58\text{M}$
   　　　　$f = 4 \times 3.58\text{M}/3 = 4.77\text{M}$
   結果　　4.77 MHz

5.5.2 2次HPFの周波数特性の計算

(1) 2次HPFは、$-A_1 = 2$ および $A_2 = 1$ とすることで得ることができる。2段の遅延によるHPFで、サンプリング周波数が $4f_{sc}$ のとき、周波数 f が $f_{sc}/4$ におけるゲインを求める。周波数特性はC分離用BPFである。概要は図5.8に示した。

   文字式　$|\boldsymbol{G}| = 2(1-\cos 2\omega T_s) = 2(1-\cos\pi/4)$
   計算式　$2(1-\sqrt{2}/2) = 0.586$
   結果　　0.586倍
   説明　　ω と T_s を f_{sc} で表すと数値になる。

(2) 上記(1)の周波数特性で、ゲインが3となる周波数を求める。

   文字式　$\cos^{-1}(1-|\boldsymbol{G}|/2) = 2\omega T_s = \pi f/f_{sc}$
   計算式　$2\pi/3 = \pi f/3.58\text{M}$

$$f = 2 \times 3.58 \text{M} / 3 = 2.387 \text{M}$$

結果　2.39 MHz

5.5.3 ノッチフィルタの周波数特性の計算

(1) 図 5.9 のノッチフィルタで $f_s = 4f_{sc}$、A は 1 のときのノッチ周波数を求める。遅延は 1 段とする。

文字式　$\cos^{-1}(-A/2) = m\omega_n T_s = \pi f_n / 2f_{sc}$

計算式　$2\pi/3 = \pi f_n / 2f_{sc}$

$$f_n = 4 \times 3.58 \text{M} / 3 = 4.773 \text{M}$$

結果　4.77 MHz

(2) 上記と同様なノッチフィルタで $f_s = 4f_{sc}$、A は −1 のときのノッチ周波数を求める。遅延は 1 段とする。

文字式　$\cos^{-1}(-A/2) = m\omega_n T_s = \pi f_n / 2f_{sc}$

計算式　$\pi/3 = \pi f_n / 2f_{sc}$

$$f_n = 2 \times 3.58 \text{M} / 3 = 2.387 \text{M}$$

結果　2.39 MHz

(3) 上記と同様なノッチフィルタで $f_s = 4f_{sc}$、遅延は 2 段とする。ノッチ周波数を 4.5MHz にするための係数 A を求める。

文字式　$A = -2 \cos m\omega_n T_s = -2 \cos(2\pi m f_n / f_s)$

計算式　$-2 \cos(6.28 \times 2 \times 4.5 \text{M} / 4 \times 3.58 \text{M})$

$$= 1.386$$

結果　1.39

第6章
高次 FIR の周波数応答

6.1 フィルタの縦続接続

6.1.1 縦続接続の伝達関数

　LPF、HPF、BPF の周波数特性に対して、2次の FIR を使って任意の周波数でノッチを入れることで通過域を必要に応じて狭めることができると考えられる。また、代わりにノッチを持たないフィルタを使えば所望の周波数におけるゲインを大きくして通過域を必要に応じて広げることができると考えられる。この組み合わせ方を縦続接続という。使った遅延の総数をフィルタの次数とすると、縦続接続したフィルタは2次以上の高次のフィルタとなる。

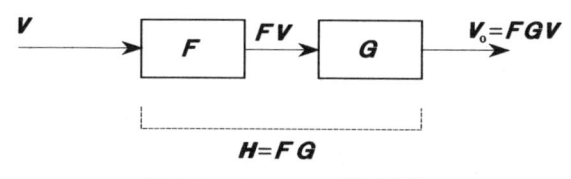

図 6.1　フィルタの縦続接続

　図 6.1 に、縦続接続したフィルタの構成を示す。1段目のフィルタの出力は **FV** で、2段目のフィルタ **G** の出力 V_o は **FGV** となる。したがって、縦続接続したフィルタの伝達関数 **H** は、**FG** と表すことができる。

$$H = FG \qquad \cdots(6.1)$$

6.1.2 縦続接続のゲインと位相

　伝達関数のゲインと位相を分離すると、$F = e^{-j\angle F}|F|$、$G = e^{-j\angle G}|G|$、

$H = \mathrm{e}^{-j\angle H}|H|$ と表すことができ、伝達関数 H のゲインと位相は F と G から計算できることがわかる。つまりゲインは積で、位相は和で計算できる。

$$\mathrm{e}^{-j\angle H}|H| = \mathrm{e}^{-j\angle F}|F|\,\mathrm{e}^{-j\angle G}|G|$$
$$= \mathrm{e}^{-j(\angle F + \angle G)}|F||G| \qquad \cdots(6.2)$$
$$|H| = |F||G| \qquad \cdots(6.3)$$
$$\angle H = \angle F + \angle G \qquad \cdots(6.4)$$

そして F、G、H の関係を図示すると図 6.2 となる。ここに $|F|$、$|G|$、$|H|$ は F、G、H の半径である。

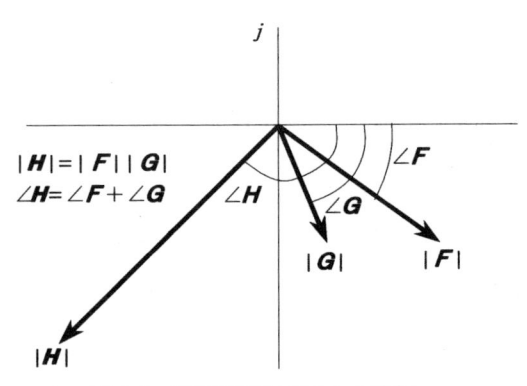

図 6.2 縦続接続のゲインと位相

6.1.3 1次 LPF の縦続接続

1次 LPF を縦続接続することで、帯域を狭くし阻止域を広くすることができる。図 6.3 に、m 段遅延を用いた 1 次 LPF を、p 段に縦続接続した構成を示した。

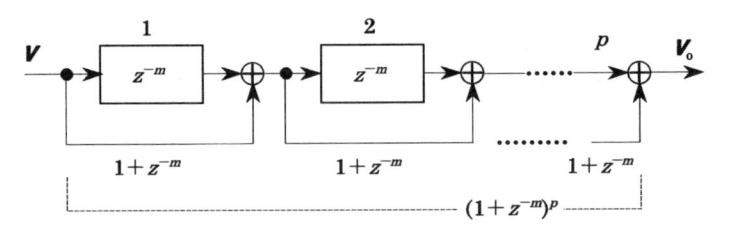

図 6.3 1次 LPF の縦続接続

伝達関数とゲインはつぎのようになる。

$$H = (1+z^{-m})(1+z^{-m}) \cdots (1+z^{-m})$$
$$= (1+z^{-m})^p$$
$$|H| = |1+z^{-m}|^p \qquad \cdots(6.5)$$
$$= \left| 2\cos\frac{m\omega T_s}{2} \right|^p \qquad \cdots(6.6)$$

6.1.4　1次HPFの縦続接続

1次HPFを縦続接続することで、帯域を狭くし阻止域を広くすることができる。図6.4に、m段遅延を用いた1次LPFを、p段に縦続接続した構成を示した。

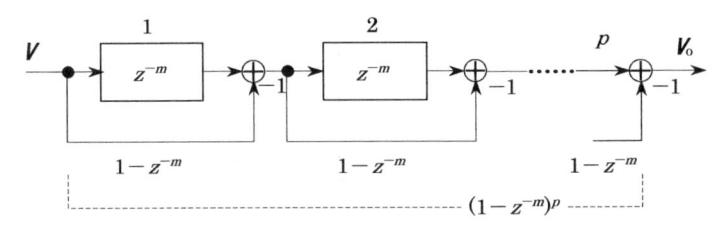

図6.4　1次HPFの縦続接続

伝達関数とゲインはつぎのようになる。

$$H = (1-z^{-m})(1-z^{-m}) \cdots (1-z^{-m})$$
$$= (1-z^{-m})^p \qquad \cdots(6.7)$$
$$|H| = |1-z^{-m}|^p$$
$$= \left| 2\sin\frac{m\omega T_s}{2} \right|^p \qquad \cdots(6.8)$$

6.1.5　LPFとHPFの縦続接続

1次LPFは周波数が$f_s/2$でノッチになっている。これと周波数が0でノッチになっている1次HPFを縦続接続することでBPFが構成されると考えられる。そこで、伝達関数を導いて周波数特性を確認する。図6.5がLPFとHPFを縦続接続した構成である。

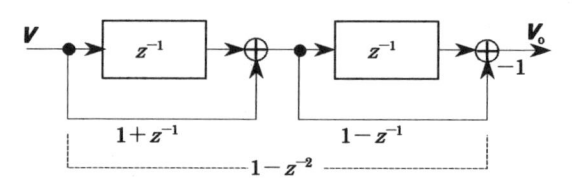

図6.5 LPFとHPFの縦続接続

伝達関数とゲインはつぎのようになる。

$$H = (1+z^{-1})(1-z^{-1})$$
$$= 1 - z^{-2} \qquad \cdots(6.9)$$
$$|H| = |1-z^{-2}|$$
$$= 2|\sin\omega T_s| \qquad \cdots(6.10)$$

これは図4.21で示した2段遅延1次の場合に等しい。構成は違っても伝達関数が同じだからである。

6.2 ブーストフィルタ

6.2.1 ローブーストフィルタ

ゲインを大きくすることをブースト（boost）といい、低い周波数のゲインを大きくするフィルタを、ローブーストフィルタという。音声機器では低音強調のために、このフィルタを使う。構成はつぎに示すようにローパスフィルタと似ている。$A>1$ が相違点である。これにより周波数が $f_s/2$ でゲインが0以上になって、相対的に低い周波数のゲインが大きくなる。

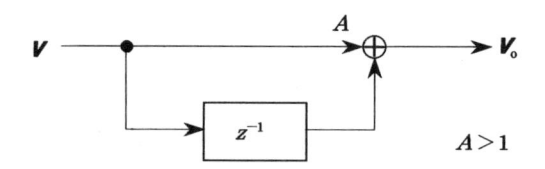

図6.6 ローブーストフィルタの構成

伝達関数とゲインはつぎのようになる。周波数特性は図6.7に示した。

$$G = A + z^{-1} \qquad \cdots(6.11)$$

$$|G| = \sqrt{(A+\cos\omega T_s)^2 + \sin^2\omega T_s} \quad \cdots(6.12)$$

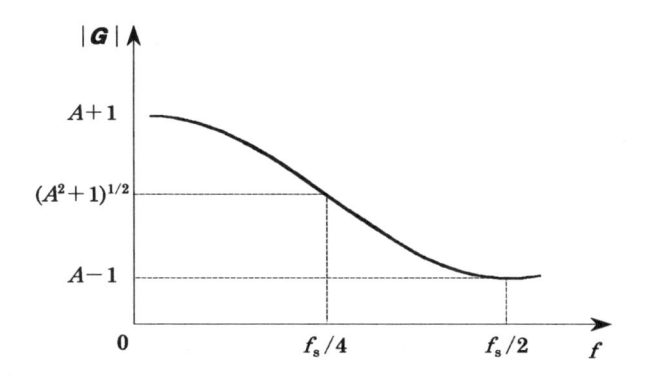

図 6.7 ローブーストフィルタの周波数特性

6.2.2 HPF の帯域拡張

HPF にローブーストフィルタを縦続接続すると通過域を広げることができる。すなわち、帯域を拡張することができる。構成を図 6.8 に示した。

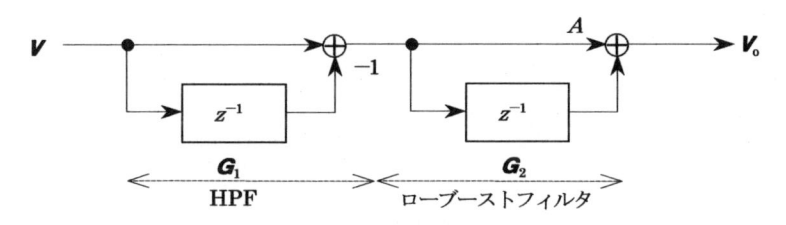

図 6.8 HPF の帯域拡張

$$G = G_1 G_2$$
$$= (1-z^{-1})(A+z^{-1}) \quad \cdots(6.13)$$

$f_s/2$ で正規化した周波数特性は図 6.9 のようになる。HPF のカットオフ周波数 f_0 におけるゲインは $1/\sqrt{2}$ よりブーストされて G_0 になり、周波数 f_p におけるゲインもブーストされて 1 よりわずかに大きい G_p とすることができる。

図 6.9　周波数特性の比較

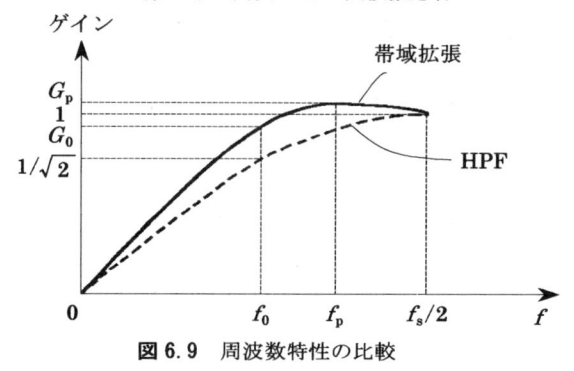

6.2.3　ハイブーストフィルタ

　低い周波数のゲインに比べて高い周波数のゲインを大きくするフィルタを、ハイブーストフィルタという。音声機器では高音強調のために、このフィルタを使う。構成はつぎに示すようにハイパスフィルタと似ている。$A>1$ が相違点である。これにより周波数が 0 でゲインが 0 以上になる。

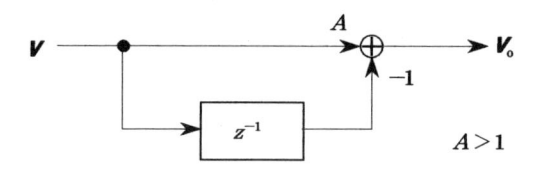

図 6.10　ハイブーストフィルタの構成

伝達関数とゲインはつぎのようになる。周波数特性は図 6.11 に示した。

$$G = A - z^{-1} \qquad \cdots(6.14)$$

$$|G| = \sqrt{(A-\cos\omega T_s)^2 + \sin^2\omega T_s} \qquad \cdots(6.15)$$

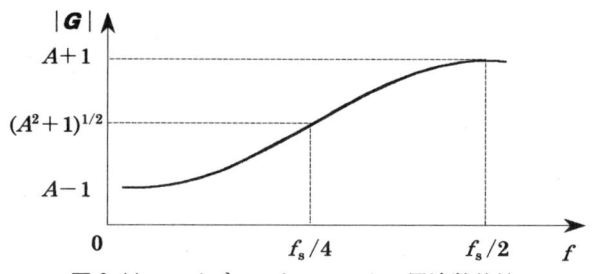

図 6.11　ハイブーストフィルタの周波数特性

6.2.4 LPF の帯域拡張

LPF にハイブーストフィルタを縦続接続すると通過域を広げることができる。すなわち帯域を拡張することができる。構成を図 6.12 に示した。

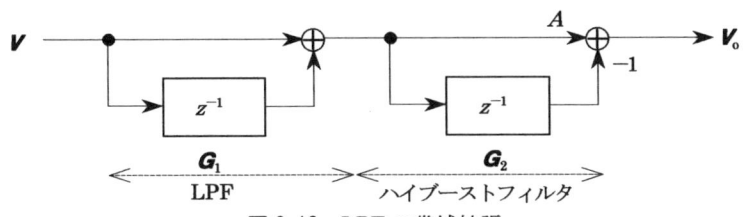

図 6.12 LPF の帯域拡張

$$G = G_1 G_2$$
$$= (1+z^{-1})(A-z^{-1}) \qquad \cdots(6.16)$$

$f=0$ で正規化した周波数特性は図 6.13 のようになる。LPF のカットオフ周波数 f_0 におけるゲインは $1/\sqrt{2}$ よりブーストされて G_0 になり、周波数 f_p におけるゲインもブーストされて 1 よりわずかに大きい G_p とすることができる。

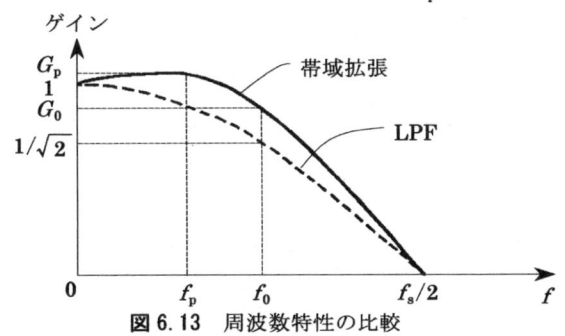

図 6.13 周波数特性の比較

6.2.5 バンドブーストフィルタ

バンドブーストフィルタを2段遅延にすることで周波数が $f_s/4$ 付近のゲインを持ち上げることができる。音声機器で話し言葉が明瞭になるように中域をブーストするために用いる。その構成を図 6.14 に示す。

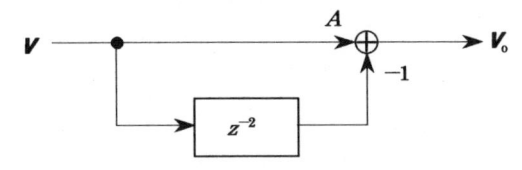

図 6.14 バンドブーストフィルタの構成

伝達関数とゲインはつぎのようになる。

$$G = (A - z^{-2}) \qquad \cdots(6.17)$$

$$|G| = \sqrt{A^2 + 2A\cos\omega T_s + 1} \qquad \cdots(6.18)$$

ゲインの式から周波数特性は図 6.15 のようになる。

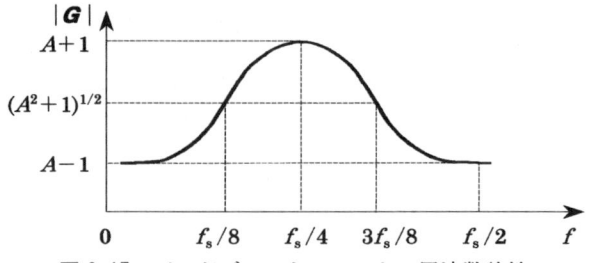

図 6.15　バンドブーストフィルタの周波数特性

2段遅延のローブーストフィルタは周波数が $f_s/2$ 付近のゲインに対して低周波と高周波のゲインを持ち上げることができる。人間の耳は音が小さいと低音や高音が聞き取りにくいので、オーケストラなど、帯域の広いソースを音声機器を通して小さい音で聞くときに、このフィルタを使うと効果がある。その構成を図 6.16 に示す。

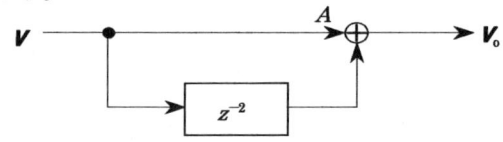

図 6.16　ハイローブーストフィルタの構成

伝達関数とゲインはつぎのようになる。

$$G = (A + z^{-2}) \qquad \cdots(6.19)$$

$$|G| = \sqrt{A^2 - 2A\cos\omega T_s + 1} \qquad \cdots(6.20)$$

ゲインの式から周波数特性は図 6.17 のようになる。

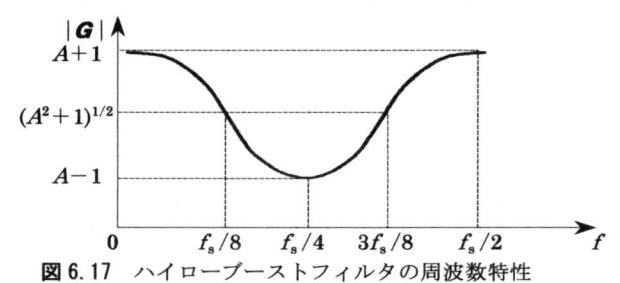

図 6.17　ハイローブーストフィルタの周波数特性

6.3 縦続ノッチフィルタ

6.3.1 ローパスノッチ

ノッチフィルタをLPFとして使うと、図6.18にあるようにノッチ周波数以上で不要な信号を通過させてしまう恐れがある。そこでLPFと縦続接続すると、実線で示したようなローパスノッチの特性が得られ、不要な高域を減衰させることができる。

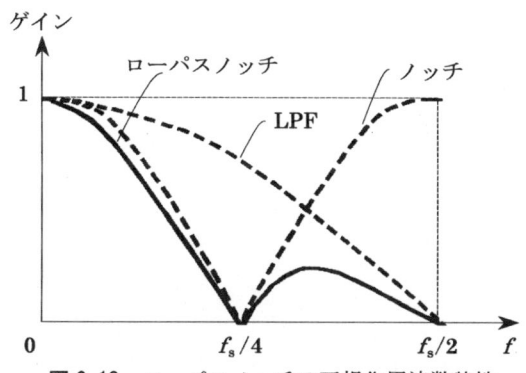

図6.18 ローパスノッチの正規化周波数特性

その構成および伝達関数とゲインはつぎのようになる。

$$G = G_1 G_2$$
$$= (1+z^{-2})(1+z^{-1}) \qquad \cdots(6.21)$$
$$|G| = 4 \left| \cos \omega T_s \cos \frac{\omega T_s}{2} \right| \qquad \cdots(6.22)$$

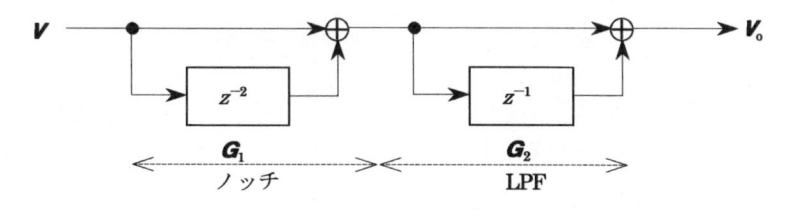

図6.19 ローパスノッチの構成

つぎにY分離への応用を示す。サンプリング周波数f_sを$4f_{sc}$とした場合であって、その周波数特性は図6.20である。ノッチでは、不要高域は周波数が0

のレベルと同じであったが、ローパスノッチでは約 1/3 に改善している。この
ノッチから外れた不要高域をサイドローブと呼ぶ。6.4.2 項に計算例を示した。

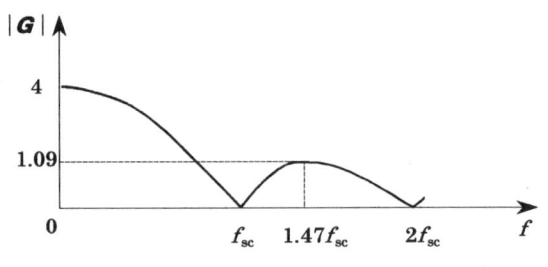

図 6.20 Y 分離ローパスノッチ

6.3.2 ハイパスノッチ

ノッチフィルタを HPF として使うと、図 6.21 にあるようにノッチ周波数以
下で不要な信号を通過させてしまう恐れがある。そこで HPF と縦続接続する
と、実線で示したようなハイパスノッチの特性が得られ、不要な低域を減衰さ
せることができる。

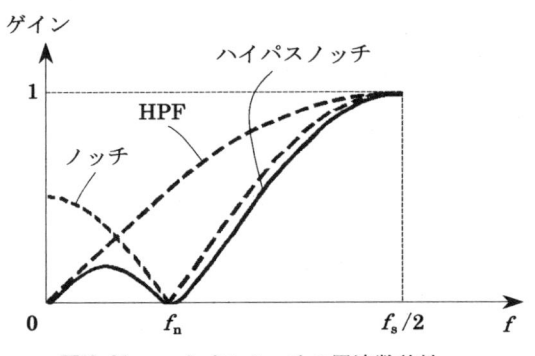

図 6.21 ハイパスノッチの周波数特性

その構成例および伝達関数とゲインはつぎのようになる。ここで G_1 は、任
意周波数でノッチにできる 2 次 FIR を使っている。

$$G = G_1 G_2$$
$$= (1 + Az^{-1} + z^{-2})(1 - z^{-1}) \qquad \cdots(6.23)$$

$$|G| = 4 \left| (\cos \omega T_s - \cos \omega_n T_s) \sin \frac{\omega T_s}{2} \right| \qquad \cdots(6.24)$$

6.3 縦続ノッチフィルタ

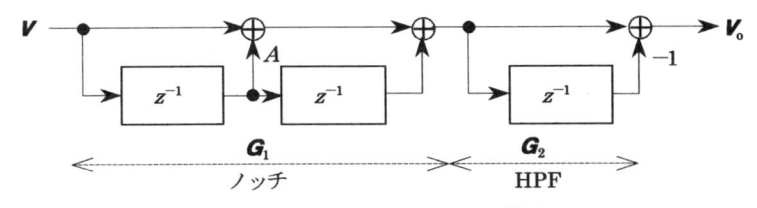

図 6.22 ハイパスノッチの構成

つぎに VTR の再生に使われる応用例を示す。図 6.23 は、テープに記録された輝度信号の取り出しと、色信号の取り出しの概念を示している。テープには 4 MHz の FM 変調された輝度信号と、629 kHz に周波数変換された色信号が記録されており、ヘッドから混在して取り出される。これをアンプで増幅して AD 変換器でディジタル信号にしてから、ハイパスノッチとローパスノッチを使って 4 MHz の FM 輝度信号と 629 kHz の色信号に分ける。

図 6.23 VTR の再生

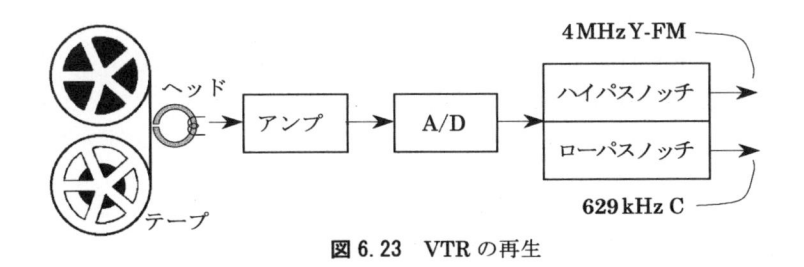

ハイパスノッチでは 629 kHz をノッチ周波数として FM 輝度信号に色信号が混在するのを防ぐ。したがって、その周波数特性は図 6.24 のようになる。

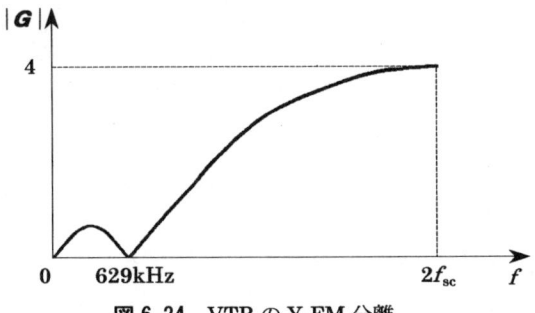

図 6.24 VTR の Y-FM 分離

6.3.3 バンドパスノッチ

図 5.12 に示したように、YC 分離は LPF や HPF にノッチフィルタを縦続接続したものである。これまでに縦続接続したフィルタの伝達関数の表し方を学んだので周波数特性を求める。その例として、C 分離のクロスカラー除去を取り上げる。構成は図 6.25 に示した。また、伝達関数とゲインは (6.25) 式と (6.26) 式によって表すことができる。

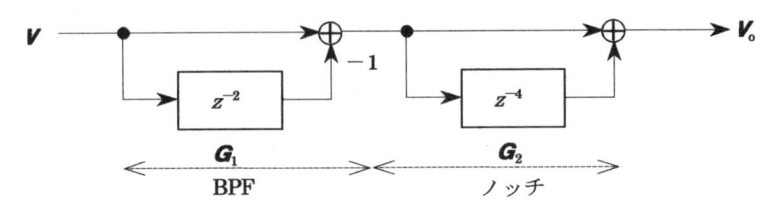

図 6.25 C 分離の妨害除去 (バンドパスノッチ)

$$G = G_1 G_2$$
$$= (1-z^{-2})(1+z^{-4}) \qquad \cdots(6.25)$$
$$|G| = 4 \,|\sin \omega T_s \cos 2\omega T_s| \qquad \cdots(6.26)$$

図 6.26 バンドパスノッチの周波数特性

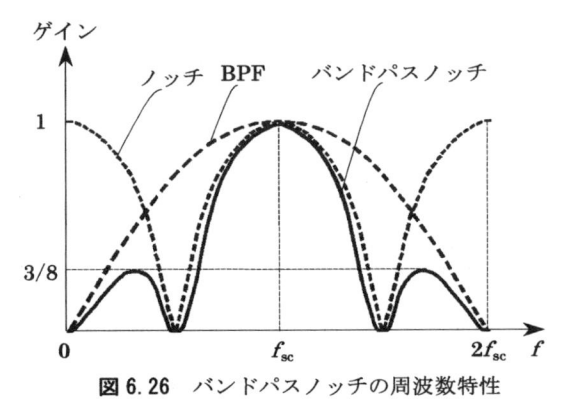

6.4 高次 FIR の計算

6.4.1 帯域拡張した HPF における正規化ゲインの帯域

(1) 帯域拡張した HPF の伝達関数を G としたとき、ナイキスト周波数 f_N に

6.4 高次 FIR の計算

おけるゲイン A_N を求めて、これにより正規化した伝達関数 G_N を求める。（図 6.8、図 6.9 参照）

誘導　$G = (1-z^{-1})(A+z^{-1})$ であるから
　　　$A_N = (1+1)(A-1)$ となる。
　　　$G_N = G/A_N$ であるから結果はつぎのようになる。

結果　$G_N = (1-z^{-1})(A+z^{-1})/2(A-1)$

説明　f_N では z^{-1} は -1 であるから、G に $z^{-1}=-1$ を代入して A_N を求める。正規化伝達関数は基準周波数でゲインが 1 になるよう G_N を A_N で割って得ている。

(2) 正規化ゲイン $|G_N|$ を $\cos\omega T_s$ で表す。

誘導　$|1-z^{-1}|^2 = (1-\cos\omega T_s)^2 + \sin^2\omega T_s = 2(1-\cos\omega T_s)$
　　　$|A+z^{-1}|^2 = (A+\cos\omega T_s)^2 + \sin^2\omega T_s = A^2+1+2A\cos\omega T_s$
　　　であるから、つぎの結果を得る。

結果　$|G_N|^2 = (1-\cos\omega T_s)(A^2+1+2A\cos\omega T_s)/2(A-1)^2$

説明　$|G_N|$ よりも $|G_N|^2$ のほうが簡単で後の計算が容易。

(3) 上記からカットオフ周波数を求める。ただし、A は 3 とする。

誘導　$\cos\omega T_s$ を x で表し、カットオフ周波数における $|G_N|^2$ を 1/2 とすると、つぎの 2 次方程式を得る。
　　　$1/2 = (1-x)(A^2+1+2Ax)/2(A-1)^2$
　　　これを解くと以下の順にカットオフ周波数 f_0 が求まる。
　　　$x = 0.721$
　　　$\cos^{-1}x = 43.9$（度）
　　　ωT_s は f_s で 360 度であるから f_0 が求まる。
　　　$f_0 = f_s \times 43.9/360 = 0.122 f_s$
　　　帯域 f_w はつぎのように表すことができる。
　　　$f_w = f_s/2 - 0.122 f_s$

結果　$0.378 f_s$

説明　1 次 HPF のカットオフ周波数は $0.25 f_s$ で、帯域も $0.25 f_s$ であった。51.2% の改善がなされた。

(4) ゲインがピークになる周波数 f_p を求める。

誘導　$|G_N|^2$ の式 $(1-x)(A^2+1+2Ax)/2(A-1)^2$ は、x がつぎの値になるときピークになる。

$x = -(A-1)^2/4A = -1/3$

これを解くと f_p を求めることができる。

$\cos^{-1}x = 110$ (度)

$f_p = f_s \times 110/360 = 0.306 f_s$

結果　$0.306 f_s$

説明　1次 HPF のカットオフ周波数は $0.25 f_s$ よりも高いところで、ピークがある。

(5) ゲインのピークを求める。

計算　$|G_N|^2$ の式 $(1-x)(A^2+1+2Ax)/2(A-1)^2$ に、$x = -1/3$ を代入する。

$G_p{}^2 = 4/3$

$G_p = 1.155$

結果　15.5%のピーキングがある。

説明　周波数特性のピーキング 15.5%を許せば、帯域が 51.2%改善される。

6.4.2　ローパスノッチのサイドローブ

(1) ローパスノッチの伝達関数を G としたとき、周波数 0 におけるゲイン A_0 を求めて、これにより正規化した伝達関数 G_N を求める。(図 6.18、図 6.19 参照)

計算　$G = (1+z^{-2})(1+z^{-1})$ であるから

$A_0 = 4$ となる。

$G_N = G/A_0$ であるから結果はつぎのようになる。

結果　$G_N = (1+z^{-2})(1+z^{-1})/4$

(2) 正規化ゲイン $|G_N|$ を $\cos\omega T_s$ で表す。

誘導　$|1+z^{-2}|^2 = (1+\cos 2\omega T_s)^2 + \sin^2 2\omega T_s$
　　　　　　　　　$= 2(1+\cos 2\omega T_s) = 4\cos^2 \omega T_s$

6.4 高次 FIR の計算

$$|1+z^{-1}|^2 = (1+\cos\omega T_s)^2 + \sin^2\omega T_s = 2(1+\cos\omega T_s)$$

であるから、つぎの結果を得る。

結果　　$|G_N|^2 = \cos^2\omega T_s (1+\cos\omega T_s)/2$

(3) $\cos\omega T_s$ を x で表し、ゲインがピークとなる周波数 f_p を求める。

誘導　　$|G_N|^2$ の式は $x^2(1+x)/2$ となる。これを微分して 0 とするとピークを与える x を求めることができる。

$3x(2/3+x) = 0$

$x = -2/3$

これを解くと f_p を求めることができる。

$\cos^{-1}x = 132$ (度)

$f_p = f_s \times 132/360 = 0.367 f_s$

結果　　$0.367 f_s$ でピークとなる。

説明　　ノッチ周波数 $0.25 f_s$ よりも高いところで、ピークがある。

(4) サイドローブのゲインを求める。

計算　　$|G_N|^2$ の式 $x^2(1+x)/2$ に、$x = -2/3$ を代入する。

$G_p{}^2 = 2/27 = 0.0741$

$G_p = 0.272$

結果　　27.2% のサイドローブがある。

説明　　$f_s/2$ で 100% のサイドローブがあったが 27.2% に低減した。

第 7 章

IIR の周波数応答

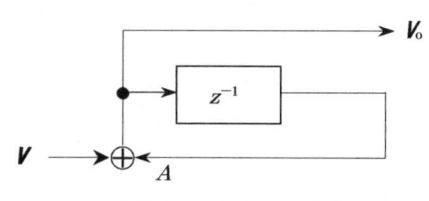

7.1　1 次 IIR

7.1.1　1 次 IIR の構成と伝達関数

入力に出力を加えることをフィードバック (feed back) という。IIR (Infinite Impulse Response) フィルタは遅延器の出力を入力にフィードバックした構成であり、略して IIR と呼ぶ。1 次 IIR の構成例を図 7.1 に示す。

図 7.1　1 次 IIR の構成

フィルタの出力 V_o は、つぎのように表すことができる。V_o を求めると z^{-1} の分数式になり、テーラ (Taylor) 展開すると、$(1 + A z^{-1} + A^2 z^{-2} + \cdots) V$ となる。

$$V_o = V + A z^{-1} V_o \qquad \cdots (7.1)$$

$$G = \frac{V_o}{V} = \frac{1}{1 - A z^{-1}} \qquad \cdots (7.2)$$

いま入力が $t = 0$ のサンプリング期間 T_s に 1 V で、他は 0 のインパルスであったとすると、出力は T_s ごとに振幅が A 倍になったインパルスが無限に続くことになる。そこでこのようなフィードバック付きのフィルタを IIR と呼ぶ。ただし、$|A| < 1$ とする。この範囲を超えると発散してしまう。つまり、時間が無

限になっても収束しない。$|A|<1$ の範囲では、(7.2) 式からゲインを求めるとつぎのようになる。

$$|G| = \frac{1}{\sqrt{(1-A\cos\omega T_s)^2 + A^2\sin^2\omega T_s}}$$
$$= \frac{1}{\sqrt{1+A^2-2A\cos\omega T_s}} \qquad \cdots(7.3)$$

7.1.2 ローブースト IIR

$1>A>0$ とすると、低周波をブーストでき、とくに $A≒1$ とすると通過域を狭くできるので、低音だけを抜き取るなどの用途に便利である。

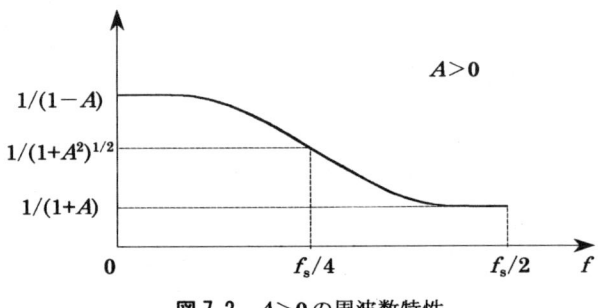

図 7.2 $A>0$ の周波数特性

この場合、低周波で非常に大きいゲインになることがわかる。

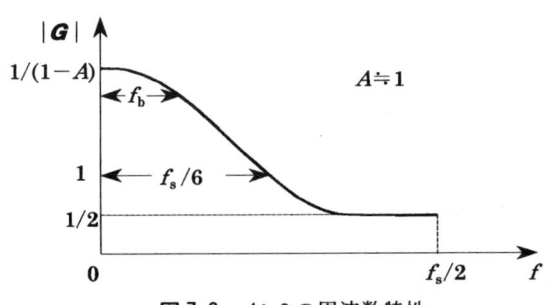

図 7.3 $A≒0$ の周波数特性

さらにこのとき $\cos\omega T_s = 1-(\omega T_s)^2/2$ と近似すると、ゲインもつぎのように近似できる。そして最大ゲインの $1/\sqrt{2}$ となる帯域 f_b を求めることができる。

$$|G| = \frac{1}{\sqrt{(1-A)^2 + (\omega T_\mathrm{s})^2}} \qquad \cdots(7.4)$$

$$f_\mathrm{b} = \frac{(1-A)f_\mathrm{s}}{2\pi} \qquad \cdots(7.5)$$

また、ゲインが 1 となる周波数は、(7.3) 式より、$\cos\omega T_\mathrm{s} = 1/2$ であるから、サンプリング周波数の 1/6 のときである。

7.1.3　ハイブースト IIR

(7.3) 式で $-1<A<0$ とすると、ハイブーストの特性になる。とくに $A \fallingdotseq -1$ とすると通過域を狭くできるので、高音だけを抜き取るなどの用途に便利である。

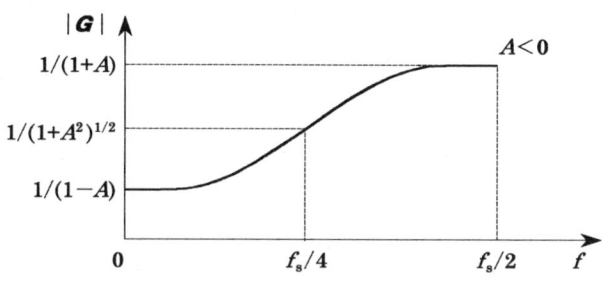

図 7.4　$A<0$ の周波数特性

この場合、高周波で非常に大きいゲインになることがわかる。

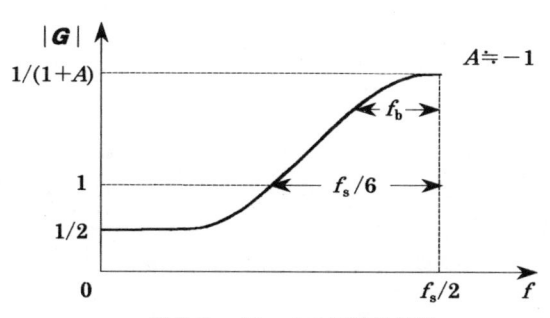

図 7.5　$A \fallingdotseq -1$ の周波数特性

ローブースト IIR の通過域の中心は周波数が 0 であったが、ハイブーストの場合は $f_\mathrm{s}/2$ が中心である。そこで $f_1 = f_\mathrm{s}/2 - f$ と読み替えると、このとき $\cos\omega_1 T_\mathrm{s} = 1 - (\omega_1 T_\mathrm{s})^2/2$ と近似できて、ゲインもつぎのようになる。そして最大

ゲインの $1/\sqrt{2}$ となる帯域 f_b を求めることができる。

$$|G| = \frac{1}{\sqrt{(1+A)^2 + (\omega_1 T_s)^2}} \qquad \cdots(7.6)$$

$$f_b = \frac{(1+A)f_s}{2\pi} \qquad \cdots(7.7)$$

また、ゲインが1となる周波数は、$f_s/2$ の下 $f_s/6$ のとき、すなわち $f_s/3$ のときである。

7.1.4 バンドブーストIIR

ハイブーストIIRで2段遅延にするとバンドブーストの特性になる。音声の明瞭度を上げるなどの用途に便利である。

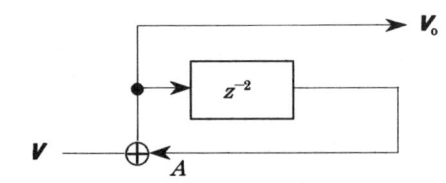

図7.6 2段1次IIRの構成

構成を図7.6に示す。ここで $-1 < A < 0$ とする。

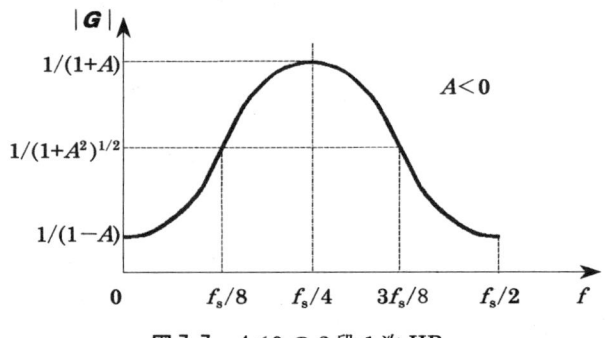

図7.7 $A<0$ の2段1次IIR

ゲインを求めるとつぎのようになる。

$$|G| = \frac{1}{\sqrt{1+A^2 - 2A\cos 2\omega T_s}} \qquad \cdots(7.8)$$

7.1 1次IIR

ここで、$A ≒ -1$とすると、通過域の中心$f_s/4$でゲインが大きい。

$$|G| = \frac{1}{\sqrt{(1+A)^2 + (2\omega_1 T_s)^2}} \quad \cdots(7.9)$$

$$f_b = \frac{(1+A)f_s}{4\pi} \quad \cdots(7.10)$$

$f_1 = f_s/4 - f$として、上の式から図7.8に周波数特性を示した。

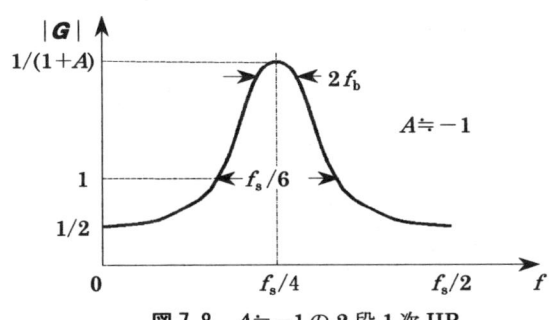

図7.8　$A ≒ -1$の2段1次IIR

7.1.5　ハイローブーストIIR

ローブーストIIRで2段遅延にするとハイローブーストの特性になる。高域と低域のノイズを抽出するのに利用される。

構成は図7.6の2段1次IIRで$1 > A > 0$とする。

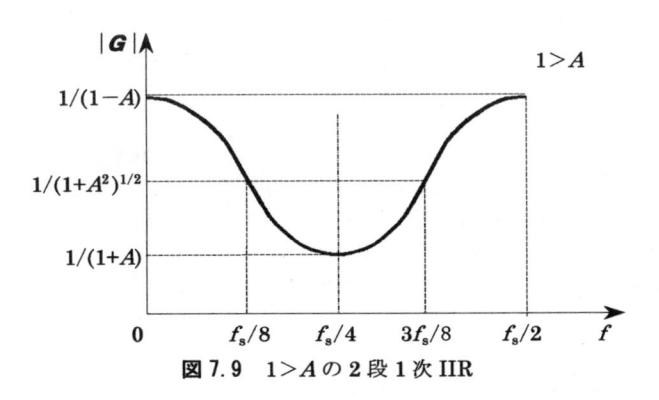

図7.9　$1 > A$の2段1次IIR

ゲインを求めるとつぎのようになる。

$$|G| = \frac{1}{\sqrt{1+A^2-2A\cos 2\omega T_s}} \quad \cdots(7.11)$$

ここで、$A \sim 1$ とすると周波数が 0 で非常に大きいゲインになる。

$$|G| = \frac{1}{\sqrt{(1-A)^2+(2\omega T_s)^2}} \quad \cdots(7.12)$$

$$f_b = \frac{(1-A)f_s}{4\pi} \quad \cdots(7.13)$$

また、ゲインが 1 となる周波数は、$f_s/12$ のときである。2 段フィルタであるから、周波数特性は図 7.10 のように $f_s/4$ で対称になる。

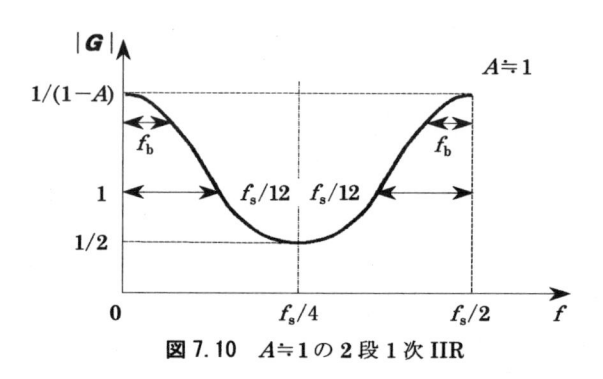

図 7.10　$A \approx 1$ の 2 段 1 次 IIR

7.2　2 次 IIR

7.2.1　2 次 IIR の構成と伝達関数

2 次 IIR は、1 段遅延の信号と 2 段遅延の信号を入力にフィードバックしている。

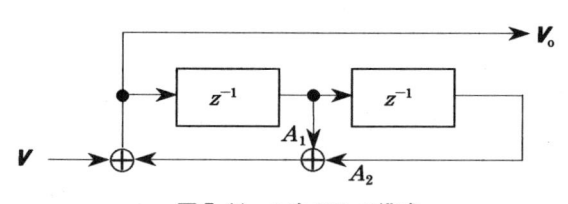

図 7.11　2 次 IIR の構成

図 7.11 の係数 A_1 および A_2 を選択することで任意の周波数の出力をブーストできる。これをピーキング（peaking）と呼ぶ。伝達関数はつぎのように計

7.2 2次IIR

算できる。まず、フィルタの出力 V_o の式を立てる。

$$V_o = V + A_1 z^{-1} V_o + A_2 z^{-2} V_o \qquad \cdots(7.14)$$

この式から V_o/V を求めると伝達関数 G になる。

$$G = \frac{V_o}{V} = \frac{1}{1 - A_1 z^{-1} - A_2 z^{-2}} \qquad \cdots(7.15)$$

ここで、$A = A_1/A_2$ とおくと分母が $1 + A_2 - A_2 z^{-1}(z + A + z^{-1})$ となるので、伝達関数はつぎのように表すことができる。

$$G = \frac{1}{1 + A_2 - A_2 z^{-1}(2\cos\omega T_s + A)} \qquad \cdots(7.16)$$

$$2\cos\omega_p T_s + A = 0 \qquad \cdots(7.17)$$

(7.17) 式が成立する周波数 f_p で分母の絶対値が小さくなるので、ゲインは大きくなる。つまり、2次IIRは周波数 f_p 付近で、ピーキングの能力を持つことがわかる。

7.2.2 2次IIRの周波数特性

2次IIRのゲインを (7.16) 式により、基本的な3つの周波数で求める。

$f = 0$ のとき

$$|G| = \frac{1}{1 - A_1 - A_2} \qquad \cdots(7.18)$$

$f = f_p$ のとき

$$|G| = \frac{1}{1 + A_2} \qquad \cdots(7.19)$$

$f = f_s/2$ のとき

$$|G| = \frac{1}{1 + A_1 - A_2} \qquad \cdots(7.20)$$

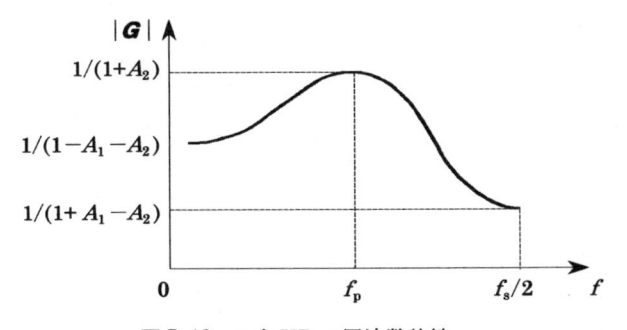

図 7.12 2次IIRの周波数特性

7.3 IIRの周波数応答に関する計算

7.3.1 ローブーストIIRの計算

(1) 図7.1のローブーストIIRで周波数が$f_s/6$でのゲインを求める。

  誘導 (7.3)式に$f=f_s/6$を代入する。
     $\cos \omega T_s = \cos 2\pi f_s T_s/6 = \cos \pi/3 = 1/2$
     $|G|=1/(A^2+1-2A\cos \omega T_s)^{1/2}$
  結果 $1/(A^2-A+1)^{1/2}$

(2) 上記でAを7/8としたときの低周波ゲインを求める。

  文字式 $1/(1-A)$
  計算 $1/(1-7/8)$
  結果 8倍

(3) 上記で帯域f_bを求める。

  文字式 $(1-A)f_s/2\pi$
  計算 $(1-7/8)f_s/6.28$
  結果 $0.0199 f_s$
  説明 f_sの1/50の狭帯域なフィルタを得ることができる。

7.3.2 バンドブーストIIRの計算

(1) 図7.6のバンドブーストIIRでAを$-3/4$とする。このときの最大ゲインG_pを求める。

  文字式 $1/(1+A)$
  計算 $1/(1-3/4)$
  結果 4倍

(2) 上記で帯域を求める。(図7.8参照)

  文字式 $2f_b=(1+A)f_s/2\pi$
  計算 $(1-3/4)f_s/6.28=f_s/4\times6.28$
  結果 $0.0398 f_s$

(3) 上記でゲインが1となる周波数を f_L、f_H としてこれを求める。

   文字式 $f_L = f_s/4 - f_s/12$

        $f_H = f_s/4 + f_s/12$

   結果 $f_L = f_s/6$

        $f_H = f_s/3$

7.3.3 2次 IIR の計算

(1) 図 7.11 の 2 次 IIR で f_s を $4f_{sc}$ とし、$f_s/6$ をピーキングするフィルタを構成する。ゲインを 8 とするための係数 A_1 と A_2 を求める。

   誘導 $|G| = 1/(1+A_2) = 8$ より

       $A_2 = -7/8$

       $A = -2\cos\omega_p T_s = -2\cos 2\pi f_s T_s/6 = -2\cos\pi/3 = -1$、

       $A = A_1/A_2$ より

       $A_1 = 7/8$

   結果 $A_1 = 7/8$、$A_2 = -7/8$

(2) 上記で周波数が 0 のときのゲインを求める。

   文字式 $|G| = 1/(1-A_1-A_2)$

   計算 $1/(1-7/8+7/8)$

   結果 1 倍

(3) 上記で周波数が $f_s/2$ のときのゲインを求める。

   文字式 $|G| = 1/(1+A_1-A_2)$

   計算 $1/(1+7/8+7/8)$

   結果 $4/11$ 倍

第 8 章
複合フィルタの周波数応答

8.1　1次 IIR・FIR 複合フィルタ

8.1.1　1次 IIR・FIR 複合フィルタの構成と伝達関数

　IIR の遅延器を使って FIR を構成した、図 8.1 に示すフィルタである。伝達関数が 1 次 IIR と 1 次 FIR の積になるため両方の特徴を併せ持ち、しかも係数が A_1 と A_2 の 2 個になるため特性の自由度が高い。

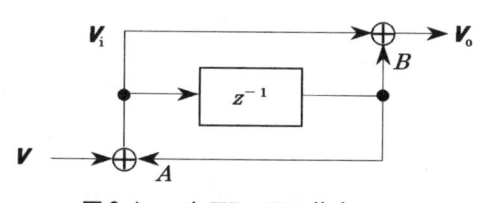

図 8.1　1次 IIR・FIR 複合フィルタ

　このフィルタでは IIR の出力 V_i を FIR の入力とし、FIR の出力が複合フィルタの出力 V_o となっている。

$$\frac{V_i}{V} = \frac{1}{1-Az^{-1}} \qquad \cdots(8.1)$$

$$\frac{V_o}{V_i} = 1 + Bz^{-1} \qquad \cdots(8.2)$$

したがって、複合伝達関数はつぎのようになる。

$$G = \frac{V_o}{V}$$

$$= \frac{V_i}{V} \frac{V_o}{V_i}$$

$$= \frac{1+Bz^{-1}}{1-Az^{-1}} \qquad \cdots(8.3)$$

これが1次複合フィルタの基本的な伝達関数となる。z^{-1} は分母と分子に現れるので、これを双1次の伝達関数と呼び、双1次の伝達関数を持つフィルタを双1次フィルタという。 ゲインはつぎのようになる。

$$|G| = \sqrt{\frac{1+B^2+2B\cos\omega T_s}{1+A^2-2A\cos\omega T_s}} \qquad \cdots(8.4)$$

8.1.2 双1次ハイブーストフィルタ

双1次ハイブーストフィルタは、IIR と FIR が双方ともハイブーストフィルタであり、図8.2の周波数特性を持つ。たとえば、VHS方式VTRの映像信号のプリエンファシスに適する。

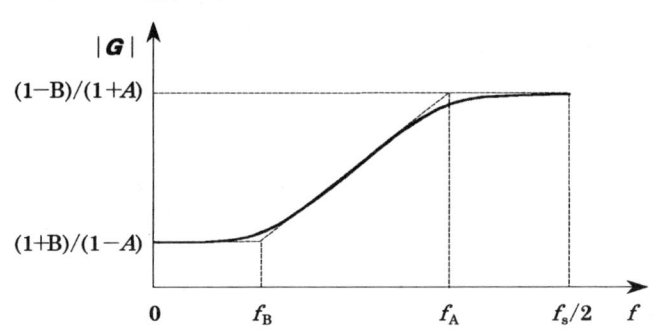

図8.2 双1次ハイブーストフィルタの周波数特性

1次IIRで A が -1 に近いハイブーストフィルタとすると、通過域 f_b はつぎの頁に示すように周波数が $f_s/2$ の付近では任意に選ぶことができた。すなわち、図8.2のカットオフ周波数 f_A は $f_s/2-f_b$ である。しかし、阻止域のカットオフ周波数は $f_s/2$ の付近で自由度がない。

$$\omega_b = (1+A)f_s \qquad \cdots(8.5)$$

いっぽう、1次FIRも B が -1 に近いハイブーストフィルタとして、カットオフ周波数 f_B は周波数が0の付近では任意に選べた。しかし、通過域のカットオフ周波数は $f_s/2$ の付近で自由度がない。

$$\omega_B = (1+B)f_s \qquad \cdots(8.6)$$

そこで複合ハイブーストフィルタとすると、通過域阻止域ともカットオフ周

カットオフ周波数はつぎのようにして求められる。$B \fallingdotseq -1$、$\omega \fallingdotseq 0$ としてつぎの式の実数と虚数部が等しくなる周波数を f_B とおく。

$$\begin{aligned}1+Bz^{-1} &= 1+B\cos\omega T_s - jB\sin\omega T_s \\ &= 1+B+j\omega T_s\end{aligned} \qquad \cdots(8.7)$$

$A \fallingdotseq -1$、$f \fallingdotseq f_s/2$ としてつぎの式の実数と虚数部が等しくなる周波数を f_A とおき、帯域 f_b を求める。$\omega_A = \omega_s/2 - \omega_b = \pi/T_s - \omega_b$ であり、つぎのようになる。

$$\begin{aligned}1-Az^{-1} &= 1-A\cos\omega T_s + jA\sin\omega T_s \\ &= 1+A-j\sin\omega_A T_s \\ &= 1+A-j\omega_b T_s\end{aligned} \qquad \cdots(8.8)$$

8.1.3 双 1 次ローブーストフィルタ

双 1 次ローブーストフィルタも、IIR と FIR が双方ともローブーストフィルタであり、図 8.3 の周波数特性を持つ。たとえば、VHS 方式 VTR における音声信号の再生イコライザに適する。

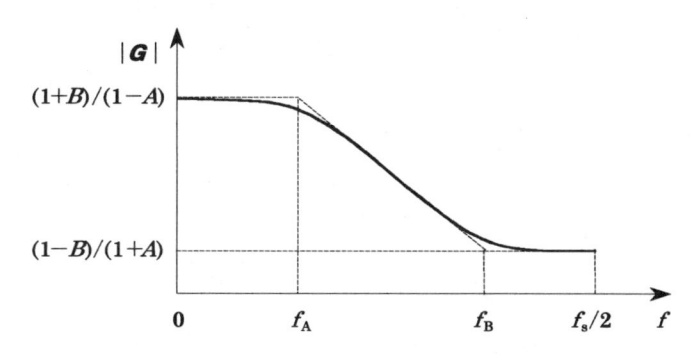

図 8.3 双 1 次ローブストフィルタの周波数特性

1 次 FIR で B が 1 に近いローブーストフィルタとすると、阻止域 f_B は周波数が $f_s/2$ の付近では任意に選ぶことができた。すなわち、図 8.3 のカットオフ周波数 f_B は $f_s/2 - f_b$ である。しかし、通過域のカットオフ周波数は $f_s/2$ の付近で自由度がない。

$$\omega_b = (1-B)f_s \qquad \cdots(8.9)$$

いっぽう、1 次 IIR も $1 > A \fallingdotseq 1$ のローブーストフィルタとして、カットオフ

周波数 f_A は周波数が 0 の付近では任意に選べた。しかし、阻止域のカットオフ周波数は $f_s/2$ の付近で自由度がない。

$$\omega_A = (1-A)f_s \qquad \cdots(8.10)$$

そこで複合ローブーストフィルタとすると、通過域阻止域ともカットオフ周波数が上記の範囲で自由に選べる。

カットオフ周波数はハイブーストフィルタの場合と同様にして求めることができる。

8.1.4 広帯域 HPF

1 次 FIR のハイパスフィルタ HPF では、カットオフ周波数は $f_s/4$ になる。カットオフ周波数を低くしたい場合、1 次複合フィルタによれば、カットオフ周波数が $f_s/100$ といった広帯域な HPF を構成することができる。したがって、広帯域な信号の低域カットに適する。

このフィルタは 1 次 FIR による HPF を基本として、1 次 IIR で低域をブーストする構成である。すなわち、図 8.4 において B を -1 とし、$1 > A \fallingdotseq 1$ に定めると広帯域な HPF を構成することができる。

周波数特性はつぎのようになる。

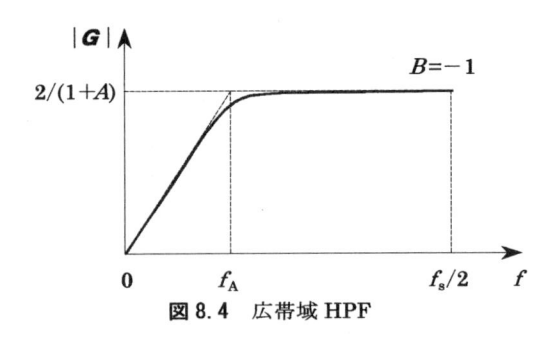

図 8.4 広帯域 HPF

伝達関数は 1 次複合フィルタの基本である (8.3) 式より、つぎのようになる。

$$G = \frac{1-z^{-1}}{1-Az^{-1}} \qquad \cdots(8.11)$$

分子の部分の 1 次 FIR は HPF である。カットオフ周波数は $f_s/4$ になる。これを分母の 1 次 IIR で低域をブーストすると、カットオフ周波数は低くなる。カットオフ周波数を低くでき、しかもブーストによるピークが発生しないとい

う特長がある。以下に、これを伝達関数で説明する。$1>A \fallingdotseq 1$ であり、また周波数が低く ωT_s が 0 に近いと、$\cos \omega T_s \fallingdotseq 1$、$\sin \omega T_s \fallingdotseq \omega T_s$ と表せる。したがって、(8.11) 式は (8.12) 式のように近似できる。

$$\begin{aligned}G &= \frac{1-\cos \omega T_s + j\sin \omega T_s}{1-A\cos \omega T_s + jA\sin \omega T_s} \\ &= \frac{j\omega T_s}{1-A+j\omega T_s} \\ &= \frac{1}{1+(1-A)/j\omega T_s}\end{aligned} \quad \cdots(8.12)$$

カットオフ周波数 f_A は、(8.12) 式虚数部が実数部に等しくなる場合であり、つぎの式で定まる。たとえば、$1-A$ を $1/16$ とすることで、カットオフ周波数はサンプリング周波数の約 $1/100$ に選ぶことができる。

$$f_A = \frac{1-A}{2\pi} f_s \quad \cdots(8.13)$$

また、ゲインは (8.14) 式で表すことができ ω を増加させると単調に増加し、ブーストによるピークが発生しないことが理解できる。

$$|G| = \frac{1}{\sqrt{1+(1-A)^2/\omega^2 T_s^2}} \quad \cdots(8.14)$$

8.1.5 広帯域 LPF

1 次 FIR のローパスフィルタ LPF では、カットオフ周波数は $f_s/4$ になる。カットオフ周波数を高くしたい場合、1 次複合フィルタによれば、ナイキスト周波数 $f_s/2$ の直近にカットオフ周波数を選び、広帯域な LPF を構成することができる。したがって、広帯域な信号の高域カットに適する。

このフィルタは 1 次 FIR による LPF を基本として、1 次 IIR で高域をブーストする構成である。すなわち、図 8.5 において B を 1 とし、A を -1 近くに定めると広帯域な LPF を構成することができる。

伝達関数は 1 次複合フィルタの基本である (8.3) 式より、つぎのようになる。

$$G = \frac{1+z^{-1}}{1-Az^{-1}} \quad \cdots(8.15)$$

分子の部分の 1 次 FIR は LPF である。カットオフ周波数は $f_s/4$ になる。これを分母の 1 次 IIR で高域をブーストすると、カットオフ周波数は高くなる。

周波数特性はつぎのようになる。

図 8.5 広帯域 LPF

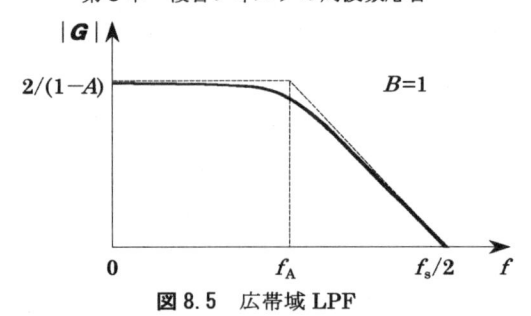

そして、カットオフ周波数を高くでき、しかもブーストによるピークが発生しないという特長がある。以下に、これを伝達関数で説明する。$A ≒ -1$ であり、また周波数が高くナイキスト周波数の近傍なら、$\omega = \omega_s/2 - \omega_b$ として、$\cos \omega T_s ≒ -1$、$\sin \omega T_s ≒ j\omega_b T_s$ と表せる。したがって、(8.15) 式は (8.16) 式のように近似できる。

$$G = \frac{1 + \cos \omega T_s - j\sin \omega T_s}{1 - A\cos \omega T_s + jA\sin \omega T_s}$$

$$= \frac{-j\omega_b T_s}{1 + A - j\omega_b T_s}$$

$$= \frac{1}{1 - (1+A)/j\omega_b T_s} \qquad \cdots(8.16)$$

カットオフ周波数 f_b は、(8.12) 式の虚数部が実数部に等しくなる場合であり、つぎの式で定まる。たとえば、$1+A$ を $1/8$ とすることで、ナイキスト周波数を基点にしたカットオフ周波数 f_b はサンプリング周波数の約 $1/50$ に選ぶことが可能になる。周波数 0 を基点にしたカットオフ周波数 f_A は $f_s/2 - f_b$ である。

$$f_b = \frac{1+A}{2\pi} f_s \qquad \cdots(8.17)$$

また、ゲインは (8.18) 式で表すことができ ω_b を減少させると単調に減少し、ブーストによるピークが発生しないことが理解できる。

$$|G| = \frac{1}{\sqrt{1 + (1+A)^2/\omega_b^2 T_s^2}} \qquad \cdots(8.18)$$

8.1.6 広帯域 BPF

バンドパスフィルタ BPF は、HPF を 2 段の遅延で構成すると実現できることを 4.3 節で示した。通過域は $f_s/4$ の上下 $f_s/8$ である。音声機器など用途に

8.1 1次IIR・FIR複合フィルタ

よっては、ほとんど上下 $f_s/4$ ぎりぎりまで必要な場合がある。複合形の HPF を2段の遅延で構成するとこれも実現できる。

構成を図 8.6 に示した。複合形の基本構成において、遅延を2段にしている。

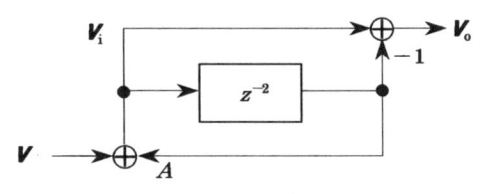

図 8.6 広帯域 BPF の構成

その周波数特性は、図 8.7 に示す台形のようになる。最大ゲインが $2/(1+A)$ であり、A は -1 に近づけるほど帯域が広くなる。

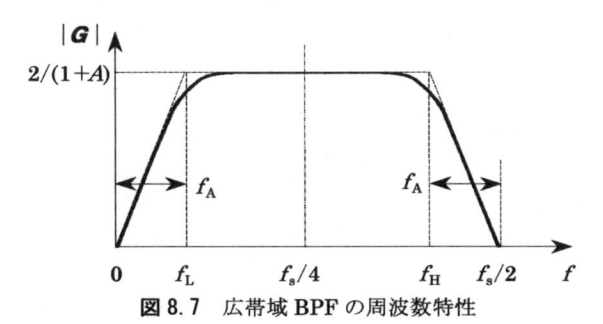

図 8.7 広帯域 BPF の周波数特性

伝達関数は1次複合フィルタの基本である (8.3) 式より、遅延を z^{-2} つまり2段にするとつぎのようになる。

$$G = \frac{1-z^{-2}}{1-Az^{-2}} \qquad \cdots(8.19)$$

以下に、これを伝達関数で説明する。$A \fallingdotseq 1$ であり、また周波数が低く ωT_s が0に近いと、$\cos 2\omega T_s \fallingdotseq 1$、$\sin 2\omega T_s \fallingdotseq 2\omega T_s$ と表せる。したがって、(8.19) 式は (8.20) 式のように近似できる。

$$G = \frac{1}{1+(1-A)/j2\omega T_s} \qquad \cdots(8.20)$$

カットオフ周波数 f_A は、(8.20) 式虚数部が実数部に等しくなる場合であり、つぎの式で定まる。

$$f_A = \frac{1-A}{4\pi} f_s \qquad \cdots(8.21)$$

そして遅延を z^{-2} で実施したフィルタは、ゲインが $f_s/4$ を軸に対象であるから、カットオフ周波数には、$f_L=f_A$, $f_H=f_s/2-f_A$ の関係がある。また、通過帯域は $f_s/2-2f_A$ である。たとえば、$1-A$ を $1/8$ とすることで、f_A は約 f_s の $1/100$ になり、通過帯域はナイキスト周波数の 96% に達する。

ゲインを式で表すとつぎのようになる。

$$|G| = \frac{1}{\sqrt{1+(1-A)^2/4\,\omega^2 T_s^2}} \qquad \cdots(8.22)$$

8.2 2次 IIR・FIR 複合フィルタ

8.2.1 2次 IIR・FIR 複合 HPF

1次ハイパスフィルタ HPF を 2次 IIR でブーストすると、構成は図 8.8 となる。周波数特性は図 8.9 のようにピークを持たせることができる。

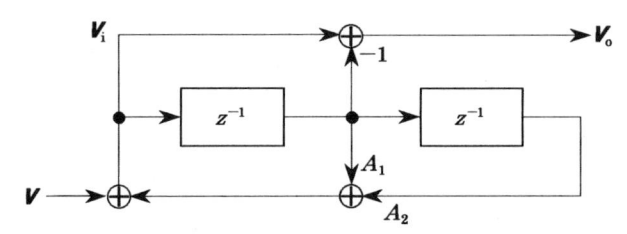

図 8.8 2次 IIR・FIR 複合 HPF

伝達関数とナイキスト周波数 $f_s/2$ でのゲインはつぎのようになる。

$$G = \frac{1-z^{-1}}{1-A_1 z^{-1}-A_2 z^{-2}} \qquad \cdots(8.23)$$

$$G_N = \frac{2}{1+A_1-A_2} \qquad \cdots(8.24)$$

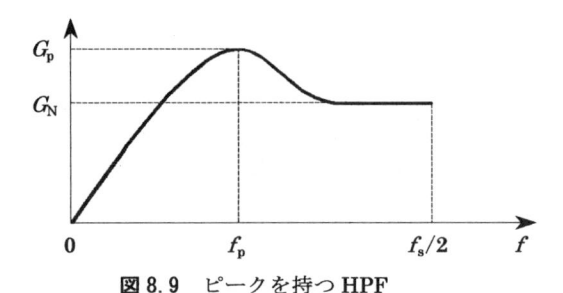

図 8.9 ピークを持つ HPF

ここで、$A = A_1/A_2$ とおくと分母が $1+A_2-A_2z^{-1}(z+A+z^{-1})$ となるので、伝達関数はつぎのように表すことができる。

$$G = \frac{1-z^{-1}}{1+A_2-A_2z^{-1}(2\cos\omega T_s + A)} \qquad \cdots(8.25)$$

$$2\cos\omega_p T_s + A = 0 \qquad \cdots(8.26)$$

(8.26) 式が成立する周波数 f_p で分母の絶対値が小さくなり、ゲインは大きくなる。つまり、1次 HPF が周波数 f_p 付近で、ピーキングされる。

$$G_p = \frac{2\sin(\omega_p T_s/2)}{1+A_2} \qquad \cdots(8.27)$$

8.2.2　2次 IIR·FIR 複合 LPF

1次ローパスフィルタ LPF を 2次 IIR でブーストすると、構成は図 8.10 となる。周波数特性は図 8.11 のようにピークを持たせることができる。

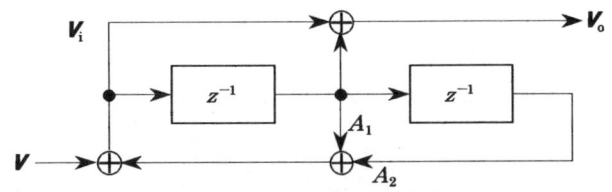

図 8.10　2次 IIR·FIR 複合 LPF

伝達関数は 2次 IIR と 1次 IIR の積になる。すなわち、つぎのように表され、周波数が 0 ではゲインは (8.29) 式となる。

$$G = \frac{1+z^{-1}}{1-A_1z^{-1}-A_2z^{-2}} \qquad \cdots(8.28)$$

$$G_0 = \frac{2}{1-A_1-A_2} \qquad \cdots(8.29)$$

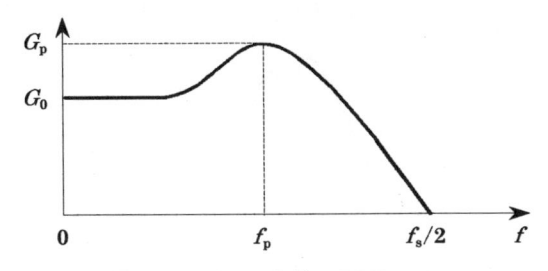

図 8.11　ピークを持つ LPF

ここで、$A = A_1/A_2$ とおくと分母が $1+A_2-A_2z^{-1}(z+A+z^{-1})$ となるので、伝達関数はつぎのように表すことができる。

$$G = \frac{1+z^{-1}}{1+A_2-A_2z^{-1}(2\cos\omega T_s + A)} \qquad \cdots(8.30)$$

$$2\cos\omega_p T_s + A = 0 \qquad \cdots(8.31)$$

(8.31) 式が成立する周波数 f_p 付近では、2次 IIR によりピーキングされる。そのときのゲインはつぎのようになる。

$$G_p = \frac{2\cos(\omega_p T_s/2)}{1+A_2} \qquad \cdots(8.32)$$

8.2.3 2次 IIR·FIR 複合 BPF

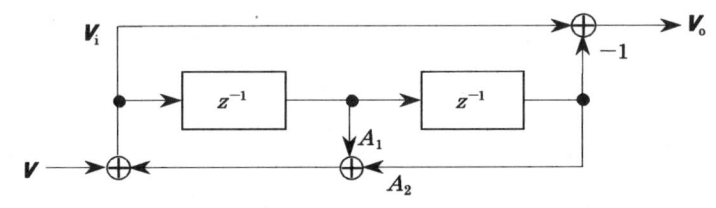

図 8.12　2次 IIR·FIR 複合 BPF

2段遅延 HPF はピークの周波数が $f_s/4$ で固定されている。任意なピーク周波数の BPF を必要とするときには、2次 IIR でピーキングすると実現できる。その構成は図 8.12 となる。そして周波数特性は図 8.13 のようにピークを持つ。

伝達関数はつぎのように表される。分子を三角関数で表すと、これは (8.34) 式となる。

$$G = \frac{1-z^{-2}}{1-A_1z^{-1}-A_2z^{-2}} \qquad \cdots(8.33)$$

$$G = \frac{2\sin\omega T_s}{1-A_1z^{-1}-A_2z^{-2}} \qquad \cdots(8.34)$$

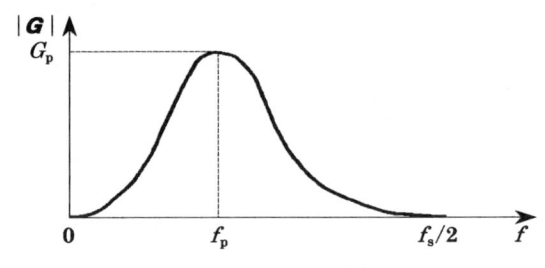

図 8.13　BPF の周波数特性

ここで、$A = A_1/A_2$ とおくと分母が $1+A_2-A_2z^{-1}(z+A+z^{-1})$ となるので、伝達関数はつぎのように表すことができる。

$$G = \frac{2\sin\omega T_s}{1+A_2-A_2z^{-1}(2\cos\omega T_s+A)} \qquad \cdots(8.35)$$

$$2\cos\omega_p T_s + A = 0 \qquad \cdots(8.36)$$

(8.36)式が成立する周波数 f_p で分母の絶対値が小さくなるので、ゲインは大きくなる。つまり、1次 HPF が周波数 f_p 付近で、2次 IIR でピーキングされることがわかる。そのときのゲインはつぎのようになる。

$$G_p = \frac{2\sin\omega_p T_s}{1+A_2} \qquad \cdots(8.37)$$

8.2.4 ノッチ付き2次 IIR

2次のフィルタで通過域から阻止域へ最も急峻に移行するのが、ノッチ付き IIR である。これは2次複合フィルタであって、構成を図8.14に示した。FIR は2次の係数が1であるからノッチフィルタになる。これによって遷移域から阻止域への移行を急峻にしている。また、IIR も2次であるからピーキングをすることができて、通過域から遷移域への移行も急峻にすることができる。このように、IIR と FIR の特長を複合しているので、2次のフィルタではノッチ付き IIR が最も急峻な遷移域を持つ。

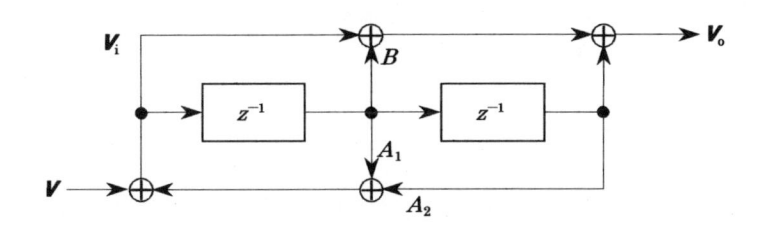

図8.14 ノッチ付き2次 IIR

ノッチ付き2次 IIR の伝達関数は、2次 IIR の伝達関数とノッチフィルタの伝達関数の積になるから、つぎのようになる。

$$G = \frac{1+Bz^{-1}+z^{-2}}{1-A_1z^{-1}-A_2z^{-2}} \qquad \cdots(8.38)$$

ゲインを周波数特性で表すと、ハイパス形の場合は図8.15のようになる。

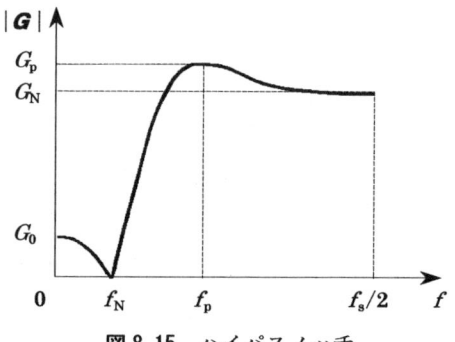

図 8.15 ハイパスノッチ

周波数が 0 のときのゲイン G_0 と、ナイキスト周波数 f_N のときのゲイン G_N はつぎの 2 式で表すことができる。

$$G_0 = \frac{2+B}{1-A_1-A_2} \qquad \cdots(8.39)$$

$$G_N = \frac{2-B}{1+A_1-A_2} \qquad \cdots(8.40)$$

ハイパス形はゲインが $G_0 < G_N$ の場合である。ハイパス形はハイパスノッチとも呼ばれている。HPF のノッチ周波数は 0 であったが、ハイパスノッチの場合にはノッチ周波数を通過域の近くに寄せている。すなわちノッチによって、急峻な遷移域が実現している。しかし、周波数がノッチより低くなると、ゲインが大きくなる。つまりサイドローブがある。

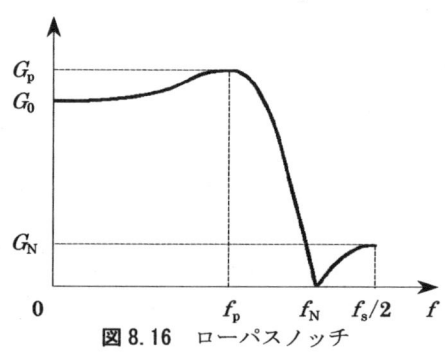

図 8.16 ローパスノッチ

ローパス形のゲインを周波数特性で表すと、図 8.16 のようになる。ローパス形はゲインが $G_0 > G_N$ の場合である。ローパス形はローパスノッチとも呼ばれ

ている。LPFのノッチ周波数は f_N であったが、ローパスノッチの場合にはノッチ周波数を通過域の近くに寄せている。すなわちノッチによって、急峻な遷移域が実現している。しかし、周波数がノッチより高くなると、ゲインが大きくなりサイドローブが現れる。

ノッチの周波数 f_n と、ピーキングの周波数 f_p は、(8.38)式の伝達関数をつぎのように変形することで求められる。

$$G = \frac{z^{-1}(B+2\cos\omega T_s)}{1+A_2-z^{-1}(A+2\cos\omega T_s)} \quad \cdots(8.41)$$

$$f_n = \frac{f_s}{2\pi}\cos^{-1}\left(-\frac{B}{2}\right) \quad \cdots(8.42)$$

$$f_p = \frac{f_s}{2\pi}\cos^{-1}\left(-\frac{A}{2}\right) \quad \cdots(8.43)$$

f_p におけるゲイン G_p は、(8.44)式となる。

$$G_p = \frac{B+2\cos\omega_p T_s}{1+A_2} \quad \cdots(8.44)$$

ここに示した f_n, f_p, G_p は、LPHとHPF双方に共通である。

8.3 フィルタの分類

8.3.1 バターワース

バターワース型LPFは、ゲインが $1/\{1+(f/f_c)^{2m}\}^{1/2}$ の形をしていれば m 次のバターワース型LPFという。周波数が0付近でゲインが平坦であり、通過域のゲイン低下は一様である。これを最大平坦という。そしてカットオフ周波数 f_c ではゲインは $1/\sqrt{2}$ である。遷移域から阻止域にかけては、ゲインが f^m に反比例する。

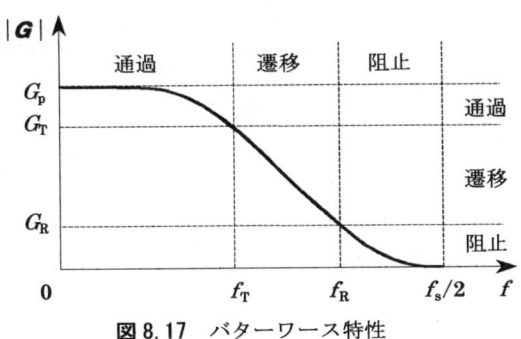

図8.17 バターワース特性

特性を図示すると図 8.17 となる。図 8.3 に示した双 1 次ローブーストフィルタは 1 次バターワースの特性を持っている。すなわち、f_A から f_B までのゲインがほぼ周波数に反比例する。

しかし、周波数が高くなると反比例せず、ゲインは G_N 以下にはならない。阻止域のゲインを下げる必要があるときは、FIR 部を LPF にすればナイキスト周波数でノッチになって所望の特性に近づく。

バターワース型 HPF は、ゲインが $1/\{1+(f_c/f)^{2m}\}^{1/2}$ の形をしていれば m 次のバターワース型 HPF という。阻止域から遷移域にかけて、ゲインが f^m に比例する。そしてカットオフ周波数 f_c ではゲインは $1/\sqrt{2}$ である。通過域のゲイン上昇は一様であって、ナイキスト周波数付近でゲインが平坦である。つまり最大平坦特性である。図 8.2 に示した双 1 次ハイブーストフィルタや、図 8.4 に示した広域 HPF は、ほぼ 1 次バターワース型 HPF の特性を持つ。

8.3.2 チェビシェフ

バターワース型 LPF は周波数が 0 付近でゲインが平坦で、通過域のゲイン低下は一様であり、最大平坦であった。これに対しチェビシェフ型 LPF は、通過域のリップルを許している。つまり、周波数 f_p でピーキングをすることで、遷移周波数 f_T から始まる遷移域が狭く急峻になる。遷移域から阻止域にかけて、ゲインがほぼ f^m に反比例するのは、バターワース型 LPF と同等である。

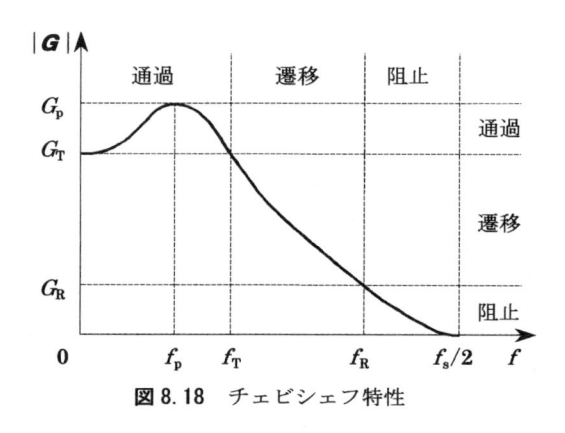

図 8.18 チェビシェフ特性

特性を図示すると図 8.18 となる。これは $m=2$、つまり 2 次の場合を示している。8.2.2 項に示したピークを持つ LPF は、2 次チェビシェフの特性を持つ

ている。しかし周波数が高くなると、ゲインが f^m に反比例せず、急速にゲインが落ちてナイキスト周波数でノッチになる。

チェビシェフ型 HPF の例を 8.2.1 項に示した。$m=2$、すなわち 2 次の場合である。阻止域から遷移域にかけて、ゲインが f^m に比例する。そして通過域のリップルを許している。つまり、周波数 f_p でピーキングをすることで、遷移周波数までの遷移域が狭く急峻になる。f_p を超えるとゲイン下降は一様であって、ナイキスト周波数付近でゲインが平坦である。

8.3.3 逆チェビシェフ

バターワース型 LPF は周波数が 0 付近でゲインが平坦で、通過域のゲイン低下は一様であり、最大平坦であった。逆チェビシェフ型 LPF も、通過域は最大平坦特性である。

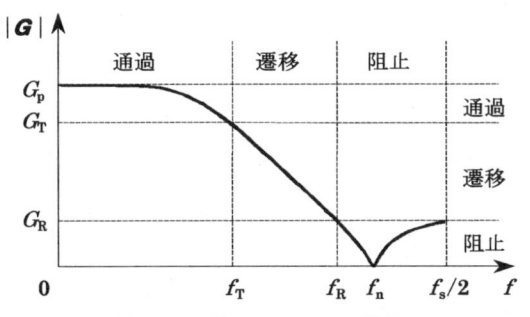

図 8.19　逆チェビシェフ特性

遷移周波数 f_T を越えてしばらくゲインが f^m に反比例するが、周波数が高くなると、ノッチによってゲインが急速に落ちてしまう。ナイキスト周波数ではサイドローブでゲインは G_N であり 0 ではない。すなわちリップルを許している。つまり、周波数 f_n でノッチすることで、阻止周波数 f_R から始まる阻止域を広げ、遷移域を狭く急峻にしている。

特性を図示すると図 8.19 となる。これは $m=2$、すなわち 2 次の場合を示している。図 8.14 に示したノッチ付き 2 次 IIR で、IIR 側をピーキング特性として通過域に最大平坦を与えるようにピーキング周波数とピーキング量を決定することで 2 次逆チェビシェフの特性となる。

逆チェビシェフ型 HPF も、通過域は最大平坦特性である。周波数が 0 においては、サイドローブでありゲインは G_N、すなわち 0 ではない。周波数がす

こし高くなると、周波数 f_n のノッチによってゲインが急速に落ちてしまう。そして阻止周波数 f_R までの間は、リップルを許している。つまり、ノッチすることで、阻止周波数 f_R を低くし阻止域を広げ、遷移域を狭く急峻にしている。f_R を越えて遷移周波数 f_T 付近まではゲインが f^m に比例する。

8.3.4　連立チェビシェフ

チェビシェフ型 LPF は、通過域のリップルを許している。つまり、周波数 f_p でピーキングをすることで、遷移周波数 f_T から始まる遷移域が狭く急峻になる。また遷移域から阻止域にかけて、ゲインが f^m に反比例する。連立チェビシェフは、阻止周波数 f_R を越えて周波数が高くなると、ノッチによってゲインが急速に落ちてしまう。ナイキスト周波数ではサイドローブでゲインは G_N であり 0 ではない。すなわちリップルを許している。つまり、周波数 f_p でピーキングし、f_n でノッチすることで、通過域と阻止域を広げ、遷移域を狭く急峻にしている。

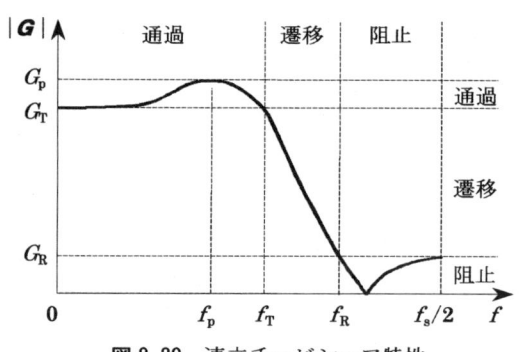

図 8.20　連立チェビシェフ特性

特性を図示すると図 8.20 となる。これは $m=2$、すなわち 2 次の場合を示している。図 8.16 に示したローパスノッチが、2 次連立チェビシェフの特性を持っている。同じ次数のフィルタでは最も急峻な遷移域であるが、ナイキスト周波数付近のサイドローブが残る。IIR はナイキスト周波数での振動、すなわちリミットサイクルを伴いやすい。これを取り除くなどの目的には、このあと 1 次 LPF を入れた 3 次連立チェビシェフとすることが望ましい。

連立チェビシェフ型 HPF では、周波数 0 ではサイドローブでゲインが G_N であり 0 ではない。そして阻止周波数 f_R の前にノッチによって、ゲインを急速に落として阻止域を広げている。すなわち阻止域のリップルを許している。また

通過域のリップルも許している。つまり、周波数 f_p でピーキングをすることで、遷移周波数 f_T から始まる通過域が広くなる。まとめると連立チェビシェフは、周波数 f_p でピーキングし、f_n でノッチすることで、通過域と阻止域を広げ、遷移域を狭く急峻にしている。

図 8.15 に示したハイパスノッチに、2 次連立チェビシェフの特性を持たせることができる。同じ次数のフィルタでは最も急峻な遷移域であるが、周波数 0 付近のサイドローブが残る。直流カットなどの目的には、このあと 1 次 LPF を入れた 3 次連立チェビシェフとすることが望ましい。

8.4 複合フィルタの計算

8.4.1 VHS 方式 VTR の FM プリエンファシス

VHS 方式 VTR では輝度信号を FM（Frequency Moduration）で記録している。記録のまえに、プリエンファシス（pre-emphasis）と呼ばれる高域強調処理をする。これは、S/N（signal to noise ratio）を向上させるためである。プリエンファシスは、図 8.1 に示した 1 次 IIR・FIR 複合フィルタで構成できる。周波数特性は図 8.2 で、f_B が 122 kHz（時定数で $1.3\,\mu\mathrm{s}$）、f_A が 612 kHz（時定数で $0.26\,\mu\mathrm{s}$）である。この項ではサンプリング周波数 f_s が $4f_\mathrm{sc}$ の条件でプリエンファシスのフィルタ係数を求める。

(1) $f_\mathrm{B} = 122$ kHz から係数 B を定める。

  誘導 (8.7) 式の実数部と虚数部が f_B で等しくなったとする。
     $1 + B = \omega_\mathrm{B} T_\mathrm{s}$
     $B = \pi f_\mathrm{B}/2 f_\mathrm{sc} - 1$
  計算式 $3.14 \times 122\,\mathrm{k}/2 \times 3.58\,\mathrm{M} - 1$
  結果 $B = -0.947$
  説明 B の値は近似値である。さらにディジタル処理では、つぎのような近似をする。したがって、目標の周波数特性とのずれが出るので実動などで値の見直しをする必要がある。
     $B \fallingdotseq -(1/2 + 1/4 + 1/8 + 1/16 + 1/128)$

(2) $f_\mathrm{A} = 612$ kHz から係数 A を定める。

誘導　　f_A が 0 に近いので (8.8) 式が使えない。しかし $\cos\omega_A T_s \simeq 1$, $\sin\omega_A T_s \simeq \omega_A T_s$ と近似して、伝達関数の分母の実数部と虚数部の大きさが等しくなる周波数を f_A とする。

$$1-Az^{-1}=1-A\cos\omega T_s+jA\sin\omega T_s$$
$$=1-A+jA\sin\omega_A T_s$$
$$=1-A+jA\omega_A T_s$$

$1-A=A\omega_A T_s$ とすると

$A=1/(1+\pi f_A/2f_{sc})$

計算式　　$1/(1+3.14\times612\text{ k}/2\times3.58\text{ M})$

結果　　$A=0.788$

説明　　A の値は近似値であり、さらにディジタル処理ではつぎのような近似をする。したがって、目標の周波数特性とのずれが出るので値の見直しをする必要がある。

$A\simeq 1/2+1/4+1/32$

(3) 上記において、入力が 8 ビットで振幅 V が 127 LSB のとき、IIR の出力振幅 V_i の最大値を求める。

誘導　　ナイキスト周波数で IIR のゲインが最大になる。このとき出力振幅はつぎのようになる。

$V_i=V/(1-A)$

計算式　　$127/(1-0.788)$

結果　　599 LSB

説明　　入力 V が 127 LSB であっても、IIR の出力は 599 LSB になる。すなわち IIR の加算器は、少なくとも ±599 LSB を取り扱う必要がある。したがって、11 ビット以上の加算器を使わなければならない。

8.4.2　VHS 方式 VTR の音声再生イコライザ

　VHS 方式 VTR では音声信号をハイブーストして交流バイアス記録する。したがって、再生のときに高域を落とすイコライズ (equalize) 処理をする。これは、S/N (signal to noise ratio) を向上させるためである。イコライズは、

8.4 複合フィルタの計算

図 8.1 に示した 1 次 IIR・FIR 複合フィルタで構成できる。周波数特性は図 8.3 で、f_A が 50.1 Hz（時定数 3180 μs）、f_B が 1.33 kHz（時定数 120 μs）である。この項では、サンプリング周波数 f_s が 40 kHz の条件での、フィルタ係数を求める。

(1) $f_A = 50.1$ Hz から係数 A を定める。

  文字式 (8.10) 式を使うことができる。$\omega_A = (1-A)f_s$ より、つぎのようになる。

$$A = 1 - 2\pi f_A/f_s$$

  計算 $1 - 6.28 \times 50.1/40\text{k}$

  結果 $A = 0.9921$

  説明 低周波のゲインは $1-A$ で定まるので、ゲインの精度を確保するには A の値は 4 桁必要である。また A の値は近似値である。さらにディジタル処理では、つぎのような近似をする。

$$A \fallingdotseq 1/2 + 1/4 + 1/8 + 1/16 + 1/32 + 1/64 + 1/128$$

したがって、目標の周波数特性とのずれが出るので値の見直しをする必要がある。

(2) $f_B = 1.33$ kHz から係数 B を定める。

  誘導 f_B が 0 に近いので $\cos\omega_B T_s \fallingdotseq 1$、$\sin\omega_B T_s \fallingdotseq \omega_B T_s$ とする。この条件で、(8.7) 式の伝達関数の分母の実数部と虚数部の大きさが等しくなる周波数を f_B とする。

$$1 + Bz^{-1} = 1 + B\cos\omega_B T_s - jB\sin\omega_B T_s$$
$$= 1 + B - jB\sin\omega_B T_s$$
$$= 1 + B - jB\omega_B T_s$$

$1 + B = -B\omega_B T_s$ とすると

$$B = -1/(1 + 2\pi f_B/f_s)$$

  計算式 $-1/(1 + 6.28 \times 1.33\text{k}/40\text{k})$

  結果 $B = -0.827$

  説明 B の値は近似値であり、さらにディジタル処理ではつぎのような近似値をする。したがって、目標の周波数特性との

ずれが出るので値の見直しをする必要がある。
$B \fallingdotseq -(1/2+1/4+1/16+1/64)$

(3) 上記において、入力が 10 ビットで振幅 V が 511 LSB のとき、IIR の出力振幅 V_i の最大値を求める。

  誘導 周波数が 0 で IIR のゲインが最大になる。このとき出力振幅はつぎのようになる。

    $V_i = V/(1-A)$

  計算式 $511/(1-0.9921)$

  結果 64.7 k LSB

  説明 入力 V が 511 LSB であっても、IIR の出力は 64.7 k LSB になる。すなわち IIR の加算器は、少なくとも ±64.7 k LSB を取り扱う必要がある。したがって、18 ビット以上の加算器を使わなければならない。

第 9 章
フィルタの波形応答

9.1 畳込み

伝達関数がわかれば、一般の波形でもフィルタの出力波形は畳込みで計算できる。

9.1.1 z^{-1} を使った波形の表示

遅延を表す z^{-1} を正弦波に適用することで、フィルタの周波数応答が調べられることを 4 章から 8 章にかけて学んだ。

この章では一般の波形をフィルタに入力したときの、出力波形の応答がどうなるかを学ぶ。

いま時間により変化するアナログ信号を $v(t)$ として、これを AD 変換した信号を大文字で $V(t)$ とすると、サンプリング時間 T_s の整数倍遅れた信号は (9.1) 式のように表すことができる。

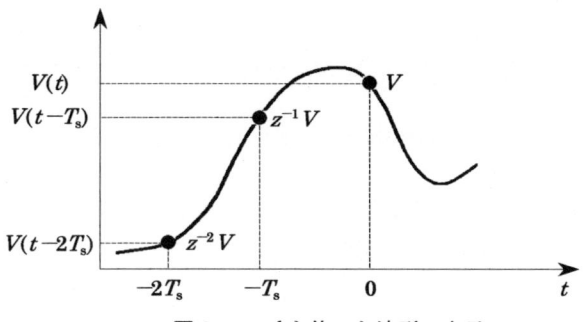

図 9.1 z^{-1} を使った波形の表示

$$V(t-mT_s) = z^{-m}V(t) = z^{-m}V \qquad \cdots(9.1)$$

ここで、V は $V(t)$ を略したもので、$V(t)$ はサンプリング時間ごとの量子化された数値を表している。波形で示すと図9.1のようになる。

いま信号のビットが十分大きければ量子化の影響を無視できるので、黒丸のサンプリング点はアナログ信号 $v(t)$ を示す曲線上に配している。この図から波形は、いままでの $z^{-m}V$ で表す方法と、$V(t-mT_s)$ で表す方法の2通りがあることがわかった。

9.1.2　任意波形に対する出力応答と畳込み

m 次の FIR を例にとり図9.2にその構成を示すと共に、任意の波形を入力した場合の内部の信号を2つの方法で記載した。

(9.2) 式のように $z^{-m}V$ で表す方法は、周波数領域でフィルタの出力を示す方法が時間領域にも使えることを示している。

$$V_o = A_0 V + A_1 z^{-1} V + \cdots + A_m z^{-m} V \qquad \cdots(9.2)$$

また (9.3) 式のように $V(t-mT_s)$ で表す方法は、時間領域でフィルタの出力波形を示す方法であって、これは畳込みと呼ばれる。すなわち、任意波形を入力した場合のフィルタの出力は畳込みで表すことができる。

$$V_o(t) = A_0 V(t) + A_1 V(t-T_s) + \cdots + A_m V(t-mT_s) \qquad \cdots(9.3)$$

そして (9.2) 式は畳込みを z^{-1} で表す方法と考えられる。

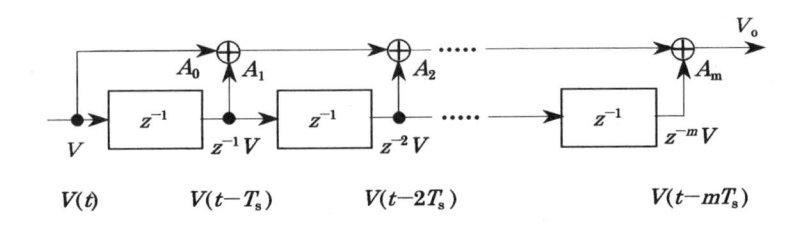

図9.2　時間領域におけるフィルタの動作

ここでは FIR の波形応答を示した。つまり m が有限の場合である。IIR では m が無限になるがやはり畳込みで波形応答を表すことができる。

9.2 インパルス応答

9.2.1 インパルス

インパルス応答によって伝達関数がわかり、伝達関数がわかればインパルス応答も図 9.3 のように図示できる。フィルタにインパルスを加えると、遅延器を通して T_s ごとにインパルスが右に移動していく状況を示している。各時点でインパルスは 1 個しかなく、他は 0 である。そして 1 個のインパルスは、その次数の係数 A を掛けて加算器を通り出力 V_o となる。

9.2.2 インパルス応答の波形

インパルスは 1 サンプリング期間 T_s だけ値が存在して、他は 0 の信号である。図 9.3 に信号 V で例示した。この場合振幅はノーマライズして 1、または基準値と考えてよい。基準値の典型例は、n ビットの信号なら 2^{n-2} である。ノーマライズとは 2^{n-2} を 1 に変換した場合である。

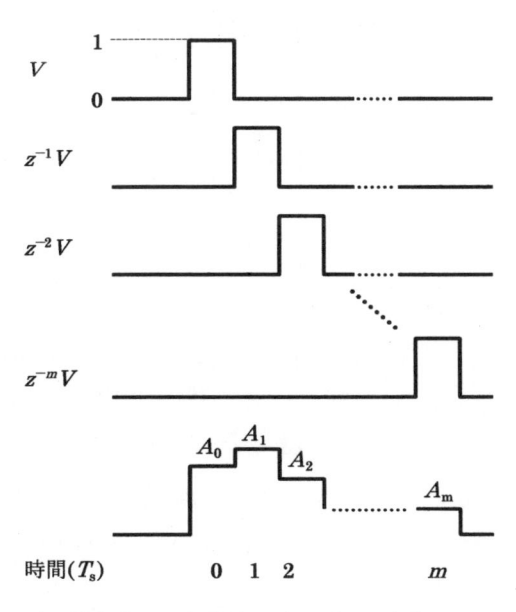

図 9.3 m 次 FIR のインパルス応答

第9章 フィルタの波形応答

したがって、ノーマライズした出力 V_o の波形の振幅は、伝達関数そのものになる。すなわち、m 次の FIR の伝達関数は、振幅 1 のインパルスを入力して $t=0$ から $t=mT_s$ までの出力をみればわかる。V_o の振幅は A_0 から A_m の順で並ぶからである。また、逆に伝達関数がわかれば、インパルス応答は、T_s ごとに A_0 から A_m を並べた波形になることがわかる。

9.3 ステップ応答

映像信号や制御の分野で重要なステップ応答は、伝達関数がわかれば直ちに計算できる。

9.3.1 1次 LPF のステップ応答

ステップ信号は $t=0$ まで振幅が 0 で、$t=0$ から振幅が 1 の信号である。図 9.4 に信号 V で例示した。この場合振幅はノーマライズして 1 と記した。n ビットの信号ならたとえば 2^{n-2} を 1 と考える。

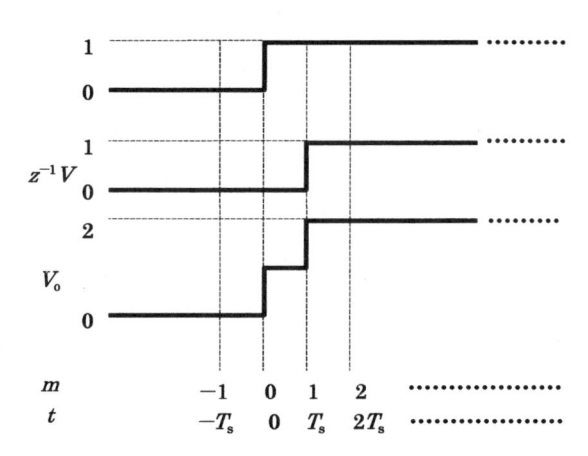

図 9.4　1 次 LPF のステップ応答

ここでは、フィルタにステップ信号を加えると、遅延器を通して T_s ごとにステップ信号が右に移動していく様子を示している。1 次 LPF の出力 V_o はつぎのように表され、この場合のステップ応答が図 9.4 である。

$$V_o = V + z^{-1}V \quad \cdots(9.4)$$

9.3.2 1次 HPF のステップ応答

$t = 0$ まで振幅が 0 で、$t = 0$ から振幅が 1 のステップ信号 V が、1次 HPF に加わった場合の波形応答を考える。図 9.5 にその状況を示した。信号 V の振幅はノーマライズして 1 と記した。n ビットの信号ならたとえば 2^{n-2} を 1 と考えればよい。

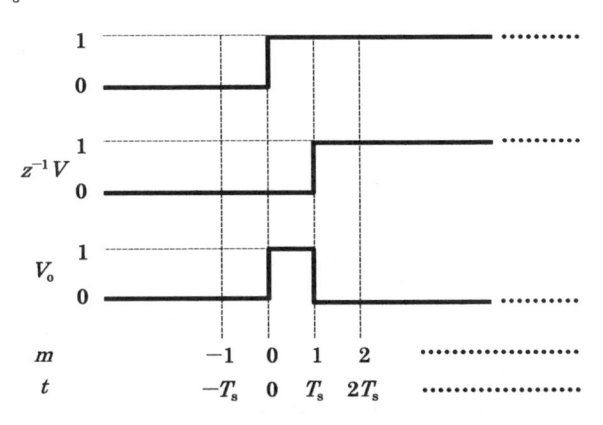

図 9.5 1次 HPF のステップ応答

ここでは、フィルタにステップ信号を加えると、遅延器を通して T_s ごとにステップ信号が右に移動していく状況を示している。1次 HPF の出力 V_o はつぎのように表され、この場合のステップ応答が図 9.5 である。

$$V_o = V - z^{-1}V \qquad \cdots(9.5)$$

9.3.3 ローブースト IIR のステップ応答

1次 IIR の伝達関数を (9.6) 式に示した。この式はテーラ展開により無限級数で表されている。

$$G = \frac{1}{1 - Az^{-1}}$$
$$= 1 + Az^{-1} + A^2 z^{-2} + A^3 z^{-3} + \cdots \qquad \cdots(9.6)$$

したがって、つぎのようにステップ応答 V_o も無限級数で表される。

$$V_o = V + Az^{-1}V + A^2 z^{-2}V + A^3 z^{-3}V + \cdots \qquad \cdots(9.7)$$

ここで、係数 A が 1 以上ならば発散するが、つぎの範囲ならばこのフィルタはローブースト IIR の特性を持ち収束する。

$0 < A < 1$ …(9.8)

ローブースト IIR にステップ信号を加えたときの状況を、図 9.6 に示す。ステップ信号は V で表しており、出力 V_o はつぎの信号の総和であることを示している。その結果、出力 V_o は $1/(1-A)$ に収束する。

(0) 現在のステップ信号
(1) T_s 前のステップ信号の A 倍
(2) $2T_s$ 前のステップ信号の A^2 倍

以下無限に続く。

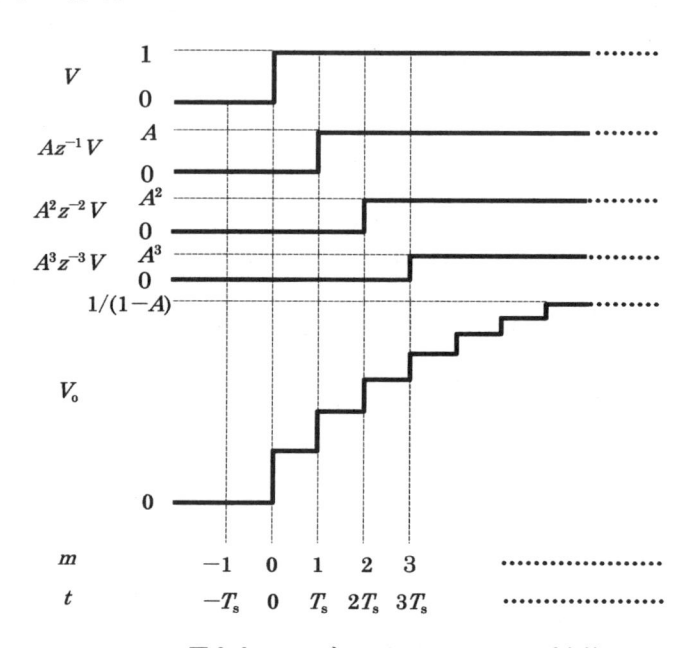

図 9.6 ローブースト IIR のステップ応答

9.3.4 ハイブースト IIR のステップ応答

1 次 IIR の伝達関数 G は、$1/(1-Az^{-1})$ である。この式はテーラ展開によって、

$$G = 1 + Az^{-1} + A^2z^{-2} + A^3z^{-3} + \cdots$$

と表される。したがってステップ応答も、

$$V_o = V + Az^{-1}V + A^2z^{-2}V + A^3z^{-3}V + \cdots$$

と表される。

ここで、係数 A が -1 以下ならば発散するが、つぎの範囲ならばこのフィルタはハイブースト IIR の特性を持ち収束する。

$$-1 < A < 0 \quad \cdots(9.9)$$

ローブースト IIR にステップ信号を加えたときの状況を、図 9.7 に示す。ステップ信号は V で表しており、出力 V_o はつぎの信号の総和であることを示している。その結果、出力 V_o は $1/(1-A)$ に収束する。ローブーストの場合と異なっているのは、A が負であるために V_o が振動することである。

- (0) 現在のステップ信号
- (1) T_s 前のステップ信号の A 倍（振幅は負）
- (2) $2T_s$ 前のステップ信号の A^2 倍

以下無限に続く。

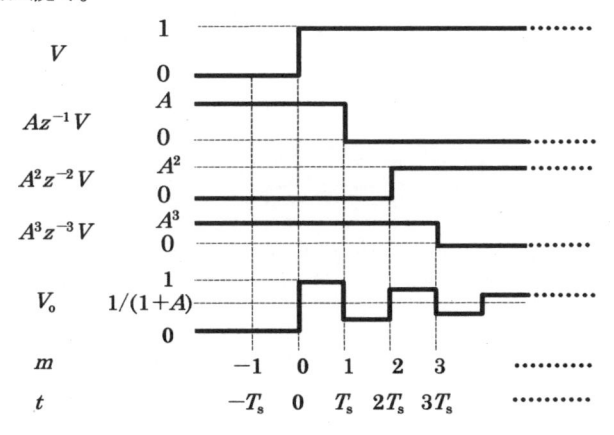

図 9.7　1 次 HPF 型 IIR のステップ応答

9.4　波形応答の表計算方法

伝達関数のテーラ展開から波形応答を逐次計算する方法を前節で学んだ。複雑な伝達関数でテーラ展開が困難なとき、伝達関数から直接に波形応答を計算できると便利である。表計算によるとこれが実現できるので例を示す。

9.4.1　1 次 IIR の表計算

波形応答の表計算による例題として、1 次 IIR の構成を図 9.8 に示す。

第9章　フィルタの波形応答

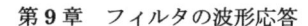

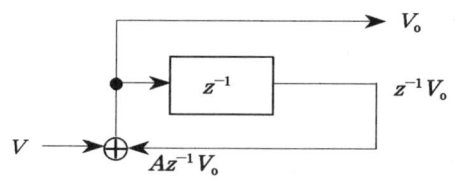

図 9.8　1次 IIR の構成

　1次 IIR のステップ応答は前節で調べているので、表計算の方法と対比することができる。表 9.1 に表計算の要領を示した。波形応答を計算するには、フィルタの各部の信号を明らかにする必要があるので、これを表の上に列挙している。そして時間の進行に沿って計算をするため、縦にサンプリングの番号 m を記入している。

表 9.1　1次 IIR の表計算

m	V	V_o	$z^{-1}V_o$	$Az^{-1}V_o$
-1	0	0	0	0
0	1			
1	1			
2	1			
3	1			
⋮	⋮	⋮	⋮	⋮

　つぎに表計算を手計算でするとして、その手順を示す。表計算の場合 A は 0.5 など数値を入れる必要がある。

(1)　すべての信号は m が負のときは、0 とする。すなわち、$m=-1$ の行にはすべて 0 を入れる。

(2)　V は m が 0 で立ち上がるので、m が 0 以降 $V=1$ を入れる。たとえば 64 LSB など実際的な値を入れてもよい。

(3)　$m=0$ のとき、$z^{-1}V_o$ の欄には左上の欄の値を入れる。すなわち、現在の $z^{-1}V_o$ は 1 サンプリング前の V_o である。

(4)　$m=0$ のとき、$Az^{-1}V_o$ の欄には、左の欄の値を A 倍して入れる。

(5)　$m=0$ のとき、V_o の欄には $V_o=V+Az^{-1}V_o$ を入れる。つまり、左の欄の値と 2 つ右の欄の値の和を入れる。

(6)　$m=1,2,3,\cdots$ と波形応答の状況がわかるまで計算をして完了する。

9.4 波形応答の表計算方法

以上のようにして、手計算により理解できたなら、パソコンソフトで実行するとmが100であったとしても即時に結果が得られ、グラフも作成できる。

9.4.2 2次 IIR の表計算

波形応答の表計算による例題として、つぎに2次 IIR を取り上げる。フィルタの構成を図 9.9 に示す。伝達関数は $G=1/(1-A_1z^{-1}-A_2z^{-2})$ であって、これをテーラ展開して1次や2次の係数は計算できても、任意のm次における係数を求めることは困難である。そこで前項と同様の表計算を考える。

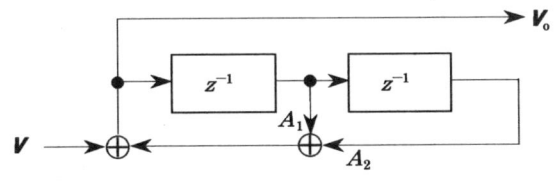

図 9.9　2次 IIR の構成

表 9.2 に表計算の要領を示した。表の上には、波形応答を計算するに必要なフィルタの各部の信号を列挙している。そして時間の進行に沿って計算をするため、縦にサンプリングの番号mを記入している。

表 9.2　2次 IIR の表計算

m	V	V_o	$z^{-1}V_o$	$z^{-2}V_o$
-1	0	0	0	0
0	1			
1				
2				
⋮	⋮	⋮	⋮	⋮

つぎに表計算を手計算でするとして、その手順を示す。1次の場合より信号の数が増えるので係数倍の欄を削除した。また、係数は 0.5 など数値を定める必要がある。

(1) すべての信号はmが負のときは、0とする。すなわち、$m=-1$ の行にはすべて 0 を入れる。
(2) V はmが0で立ち上がるので、mが0以降 $V=1$ を入れる。たとえば、64 LSB

など実際的な値を入れてもよい。

(3) $m=0$ のとき、$z^{-1}V_o$ の欄には左上の欄の値を入れる。すなわち、現在の $z^{-1}V_o$ は1サンプリング前の V_o である。

(4) $m=0$ のとき、$z^{-2}V_o$ の欄には左上の欄の値を入れる。つまり、現在の $z^{-2}V_o$ は1サンプリング前の $z^{-1}V_o$ である。

(5) $m=0$ のとき、V_o の欄には、$V_o=V+A_1z^{-1}V_o+A_2z^{-2}V_o$ を入れる。つまり、左の欄の値と、右の欄の A_1 倍の値と、2つ右の欄の A_2 倍の値の和を入れる。

(6) $m=1,2,3,\cdots$ と波形応答の状況がわかるまで計算をして完了する。

以上のようにして、手計算により理解できたなら、パソコンソフトで実行すると m が100であったとしても即時に結果が得られ、グラフも作成できる。

9.5 波形応答の計算

9.5.1 伝達関数が既知の場合のインパルス応答

(1) 1次 IIR の伝達関数が $G=1/(1-Az^{-1})$、$0<A<1$ である。入力にインパルス V が加えられたときの出力 V_o を求める。

　　　誘導　　出力は $V_o=V/(1-Az^{-1})$ であり、つぎのようにテーラ展開できる。
　　　　　　$V_o=V+Az^{-1}V+A^2z^{-2}V+A^3z^{-3}V+\cdots$
　　　結果　　入力の振幅が1なら、出力は図9.10となる。
　　　説明　　(9.6)式、(9.7)式を参照

図9.10 $1/(1-Az^{-1})$ のインパルス応答

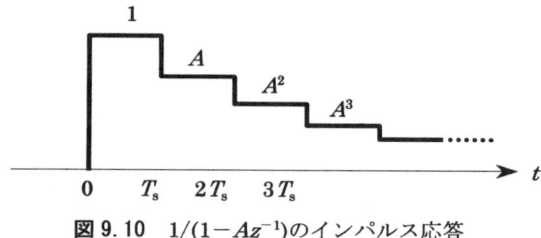

(2) 1次 IIR の伝達関数が $G=1/(1+Az^{-1})$、$0<A<1$ である。入力にインパ

9.5 波形応答の計算

ルス V が加えられたときの出力 V_o を求める。

誘導　出力は $V_o = V/(1+Az^{-1})$ であり、つぎのようにテーラ展開できる。
$$V_o = V - Az^{-1}V + A^2z^{-2}V - A^3z^{-3}V + \cdots$$

結果　入力の振幅が 1 なら、出力は図 9.11 となる。

説明　(9.6) 式、(9.7) 式の A を負と考える。

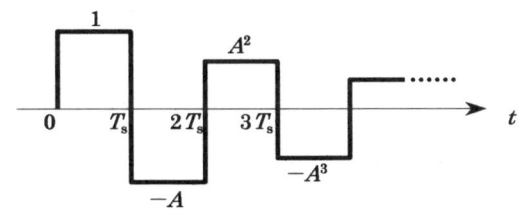

図 9.11 $1/(1+Az^{-1})$ のインパルス応答

9.5.2 インパルス応答が既知の場合の伝達関数

(1) インパルス応答が図 9.12 の場合の伝達関数を求める。

誘導　出力は $1/2^m$ で低下していくので、出力はつぎのように表される。$A=1/2$ の場合である。
$$V_o = V + Az^{-1}V + A^2z^{-2}V + A^3z^{-3}V + \cdots$$
この級数の和を以下に示す。
$$V_o = V/(1-Az^{-1})$$

結果　$G = 1/(1-z^{-1}/2)$

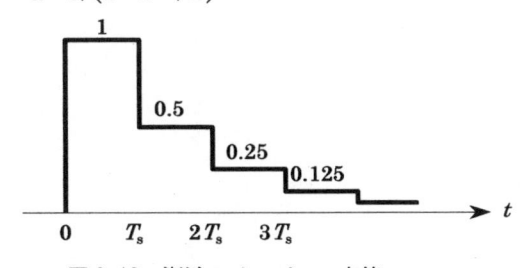

図 9.12 漸減のインパルス応答

(2) インパルス応答が図 9.13 の場合の伝達関数を求める。

誘導　出力はつぎのように表すことができる。

$V_o = V + 0.5z^{-1}V + 0.25\ z^{-2}V$

出力は 3 ステップで終っているので、伝達関数は 2 次 FIR と考えられる。

結果　　$G = 1 + 0.5z^{-1} + 0.25\ z^{-2}$

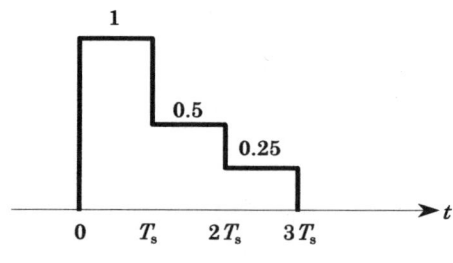

図 9.13　3 ステップのインパルス応答

第 10 章
空間フィルタ

10.1　1次元フィルタ

　テレビの映像やコンピュータの画像は、x軸とy軸で構成された2次元空間の情報である。したがって、映像や画像の信号を処理するフィルタは、空間の情報を処理することになるので空間フィルタという。そして水平走査線上の信号を処理するフィルタが、1次元フィルタであり、水平フィルタとも呼ばれている。この節では、1次元フィルタによる映像や画像の波形を取り扱う方法について学ぶ。

10.1.1　1次元の画素と波形

　図 10.1 には画面の1ライン中ほどまでが黒で、右が白の線図の場合について、信号の振幅と時間および波形の関係を示している。

　走査は時間 t に従ってサンプリング時間 T_s ごとに進行し、1次元方向つまり x 方向に画素振幅 V が変化するのに対応する。そうすると信号振幅 V は時間 t だけでなく画素番号 m で表すことができる。

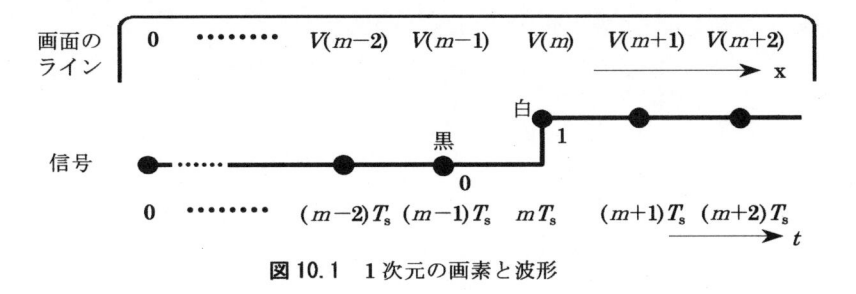

図 10.1　1次元の画素と波形

空間フィルタでは時間よりも画素番号を使って考えたほうが理解しやすいことが多い。すなわち、画素間の処理を考えた結果を、時間での処理に置き換えてフィルタを使うことになる。

図 10.1 について説明する。画素番号 m の画素は輝度つまり白の度合が $V(m)$ とすると、時間で変化する信号の振幅 $V(t)$ で示せば、$V(mT_s)$ と表すことができる。波形は信号の振幅 $V(t)$ で表すことができるので、画素と波形は 1 対 1 で対応する。したがって、図示したように mT_s に立ち上がる振幅 1 のステップ信号は、右が黒で左が白である 1 次元の線図に相当する。

同様に白点は T_s の間だけ振幅が 1 のインパルスで表すことができる。

ここで振幅 1 とはノーマライズして表現しているので、アナログでは 100 % の輝度信号振幅であり、ディジタルでは 100 % の輝度信号に相当した LSB 値と考えてよい。

10.1.2 移動平均の構成

移動平均は画素の振幅にノイズがあるときに、近くの画素の振幅と平均をとることによってノイズを低減する働きがあり、よく利用される。

画素番号がひとつ前の 1 次元画素との平均について考えると、これは画素間の平均処理になる。画素間の平均処理は 1 サンプリング期間前の信号との平均になる。この平均処理は時間の経過と共にサンプリング時間 T_s ごとに進む。すなわち、走査線上では画素番号ごとに左へ平均処理が移動する。そこでこれを移動平均と呼ぶ。

移動平均を式で表すとつぎのようになる。

$$V_o = \frac{V(m) + V(m+1)}{2}$$
$$= \frac{V(mt) + V\{(m-1)t\}}{2} \quad \cdots(10.1)$$

また、遅延を z^{-1} で表すと (10.2) 式のようになる。

$$V_o = \frac{V + z^{-1}V}{2} \quad \cdots(10.2)$$

これは移動平均が 1 次 LPF であることを示している。伝達関数で表すとつぎのようになる。

$$G = \frac{1 + z^{-1}}{2} \quad \cdots(10.3)$$

したがって、移動平均はつぎに示す構成で働かせることができる。

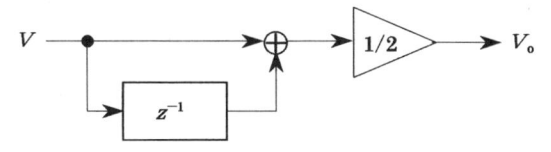

図 10.2 移動平均の構成

10.1.3 ステップ信号の移動平均

ステップ信号を移動平均したときの波形を図 10.3 に示した。図の左端の矢印とつぎの矢印は、$m-2$ 番目の画素：黒と、$m-1$ 番目の画素：黒の振幅が平均されて、出力 V_o：黒となることを示している。つぎに $m-1$ 番目の画素：黒と、m 番目の画素：白の振幅が平均されると、出力 V_o は灰色となる。このとき入力はステップが立ち上がった状態である。そして m 番目の画素：白と、$m+1$ 番目の画素：白の振幅が平均されると、出力 V_o は白となる。このとき出力はステップ応答が完了した状態である。

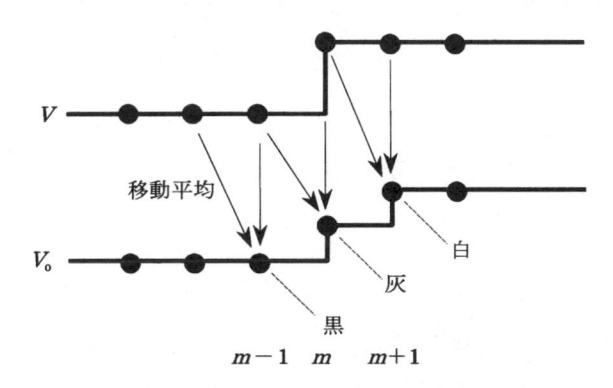

図 10.3 ステップ信号の移動平均

このように移動平均によれば、黒から白への移り変わりの間に灰色が介在することで、鮮鋭度が緩和される。すなわち、画質がソフトになる。

10.1.4 パルスノイズの移動平均

パルスノイズを移動平均したときの波形を図 10.4 に示した。図の左端の矢印

とつぎの矢印は、$m-2$ 番目の画素：黒と、$m-1$ 番目の画素：黒の振幅が平均されて、出力 V_o：黒となることを矢印で示している。つぎに $m-1$ 番目の画素：黒と、m 番目のパルスノイズ：白の振幅が平均されると、出力 V_o は灰色となる。このとき入力はインパルスである。そして m 番目の画素：白と、$m+1$ 番目の画素：黒の振幅が平均されると、出力 V_o はまだ灰色でパルスノイズの影響が残っている。つぎに $m+1$ 番目の画素：黒と、$m+2$ 番目の画素：黒の振幅が平均されると、出力 V_o は黒にもどる。

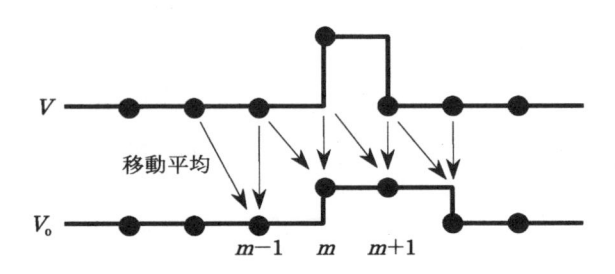

図 10.4 パルスノイズの移動平均

このように移動平均によれば、パルスノイズの振幅を 1/2 にすることができる。しかし、ノイズのパルス幅が 2 倍になるので必ずしも良好なノイズフィルタとはいえない。

10.1.5 メディアンフィルタの構成と働き

メディアン（median）フィルタは非線形フィルタである。しかし、いままで説明した FIR や IIR は線形フィルタである。これらのフィルタは遅延された信号を線形結合して構成しているから線形フィルタと呼ばれる。すなわち、遅延された信号に固定の係数を掛けて加算している。

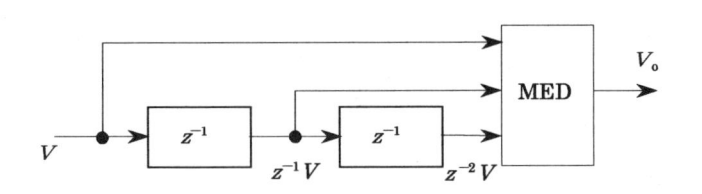

図 10.5 メディアンフィルタの構成

ところが、非線形フィルタは遅延された信号の状況によって係数を切り替えている。メディアンフィルタの場合は、0次、1次、2次の3つ信号の中間値：メディアンを V_o として出力しているもので、図 10.5 に構成を示した。

この図では、中間値選択の論理回路を MED の記号で表している。論理回路は、つぎの式を出力とし、中間値の係数 A を1、最大値と最小値の係数 A を0とすることで、メディアンフィルタの働きをする。

$$V_o = A_0 V + A_1 z^{-1} V + A_2 z^{-2} V \qquad \cdots(10.4)$$

すなわち、メディアンフィルタは信号の状況によって係数を切り替えている非線形フィルタである。

10.1.6 メディアンフィルタによるパルスノイズの除去

パルスノイズは移動平均しても、十分には除けないことを図 10.4 に示した。ところがパルスノイズに対しては、メディアンフィルタのほうが高い除去効果を示す。その状況を図 10.6 に示した。m 番目の画素が白のインパルスになっており、他は黒とする。

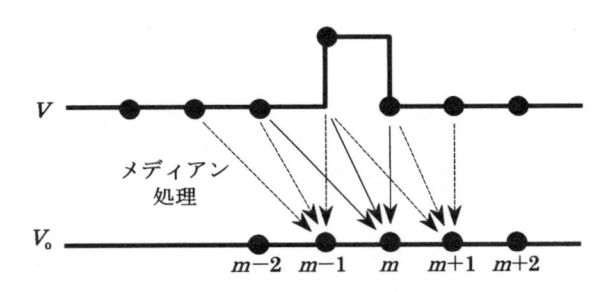

図 10.6 パルスノイズ除去

図において、$m-2$ 番目、$m-1$ 番目、m 番目の各画素のメディアンは黒となることを点線の矢印で示している。また、$m-1$ 番目、m 番目、$m+1$ 番目の各画素のメディアンも黒となることを実線の矢印で示している。そして、m 番目、$m+1$ 番目、$m+2$ 番目の各画素のメディアンも黒となることを点線の矢印で示している。つまりパルスノイズは、メディアンフィルタにより除去されている。

10.1.7　メディアンフィルタによるステップ信号の遅延

　パルスノイズはメディアンフィルタで効果的に除けることを前項で示した。それでは信号に対してはどんな影響が出るのか、ステップ信号を入力した場合について考える。その状況を図 10.7 に示した。入力信号は、m 番目の画素が黒から白に立ち上がったステップになっている。m 番目以前は黒、m 番目から白である。

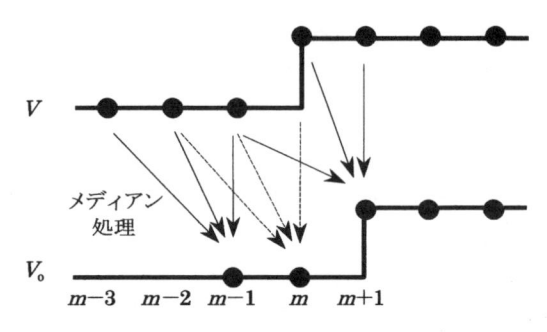

図 10.7　ステップ信号のメディアン処理

　図において、$m-3$ 番目、$m-2$ 番目、$m-1$ 番目の各画素のメディアンは黒となることを実線の矢印で示している。また、$m-2$ 番目、$m-1$ 番目、m 番目の各画素のメディアンも黒となることを点線の矢印で示している。そして、$m-1$ 番目、m 番目、$m+1$ 番目の各画素のメディアンは白となることを実線の矢印で示している。そして、これ以降の出力は白になる。

　つまりメディアンフィルタは、画素を1番遅延させる働きがあると考えられる。これは時間領域で考えると入力信号を T_s 遅延させていることになる。

10.2　2次元フィルタ

　テレビの映像やコンピュータの画像は、x 軸と y 軸で構成された2次元空間の情報である。

　前節では x 軸方向のフィルタを1次元フィルタとした。この節では y 軸方向のフィルタを2次元フィルタと呼び、その応用例として空間フィルタとしての YC 分離の働きを学ぶ。2次元フィルタは、1次元フィルタが水平フィルタと呼ばれるのに対応して、垂直フィルタとも呼ばれる。

10.2.1　1次元フィルタによるY分離

2段遅延の1次LPFは、サンプリング周波数を$4f_{sc}$とすると、Y分離が可能になる。4章ではこのLPFの周波数応答が、色信号周波数f_{sc}でノッチになることを分析した。そこでこのLPFが映像信号から色信号を除去して輝度信号を分離する能力があることを知った。ところが2次元の空間フィルタおよび波形応答の立場に立って見ると、このLPFが周波数f_{sc}の縦縞画像となる輝度信号を分離できずに除去してしまうことを示す。

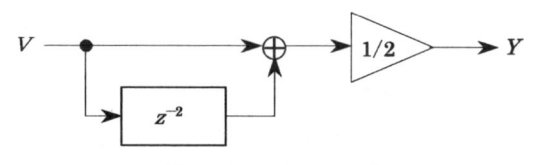

図10.8　1次元Y分離

このLPFの構成は上記のようになる。1次元フィルタと考えると、これは2画素前との移動平均をしていることになる。

ここで、入力の映像信号Vは、灰色の上に色信号が重畳されているとする。そして映像信号Vを、S端子付きモニタテレビのYに接続したとする。つまり、映像信号をモニタテレビに輝度信号として表示することになる。このときの画面の状況を図10.9のa）に示した。

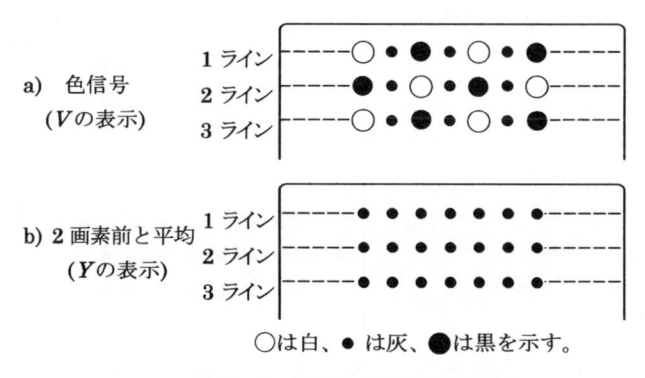

○は白、● は灰、⬤は黒を示す。

図10.9　色信号の1次元Y分離

色信号が1ラインの左○の画素で90度だとすると、信号Vの電圧は灰色のレベルより高くなり白丸○で表した。つぎの画素は180度で信号Vの電圧は灰

色のレベルであり点・で表した。そのつぎの画素は-90度で信号Vの電圧は黒のレベルとなり黒丸●で表した。つぎの画素は0度で信号Vの電圧は灰色のレベルとなり点・で表した。

つぎの2ラインになると色信号は水平走査期間Hすなわち$910T_s$後である。$T_s=1/4f_{sc}$、$T_{sc}=1/f_{sc}$であるから、つぎの式によりライン間では色信号が、0.5周期ずれていることがわかる。すなわち、ライン間では色信号の位相が反転する。

$$H = 910T_s = 227.5T_{sc} \qquad \cdots(10.5)$$

したがって、図10.9のa)に示したように、2ラインの左端はその上と位相が反転して白丸○となる。同様に2ラインは他の白丸○黒丸●も1ラインと逆になる。そして3ラインは再び反転するので1ラインと同じになる。3ラインを表示すると白と黒が市松模様になることがわかる。つまり、Y分離せずに色信号が重畳した映像信号をモニタテレビに表示すると、無数の白点と黒点が表れる。これをドット妨害という。ドット妨害を軽減するために、Y分離が必要であることがわかる。

そこでY分離して表示すると、図10.9のb)に示したように市松模様は消える。すなわち、このLPFを1次元フィルタと考えると、これは2画素前との移動平均をしていることになり、白と黒が相殺して灰色のレベルになるからである。

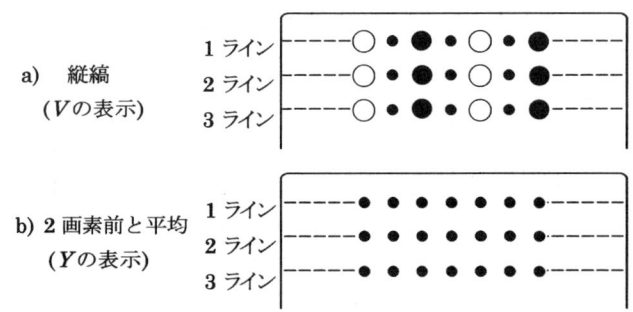

a) 縦縞
 (Vの表示)
 1ライン
 2ライン
 3ライン

b) 2画素前と平均
 (Yの表示)
 1ライン
 2ライン
 3ライン

図10.10 3.58MHz縦縞の1次元Y分離

つぎに周波数がf_{sc}の縦縞画像となる輝度信号が入力された場合について考える。図10.10にその状況を示した。a)はY分離されない場合の画像を示す。またb)は2段遅延の1次LPFでY分離された場合を示す。このLPFは周波

数 f_{sc} の縦縞画像となる輝度信号を分離できずに除去してしまっている。

10.2.2　2次元フィルタによるY分離

現在の信号による画素を注目画素とすると、前項の移動平均は注目画素と2画素左との平均処理をすることである。そして、この1次元の移動平均によって縦縞の情報を失なうことを知った。しかし、縦方向つまり2次元の移動平均をとると縦縞の情報を失なうことなく、しかも色信号を除去できることが知られている。

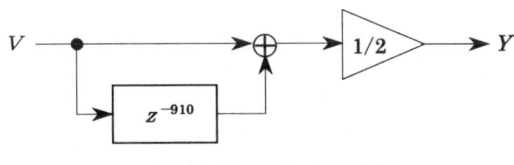

図10.11　2次元Y分離

上の画素は注目画素の910サンプリング前の画素であるから、各画素の信号振幅を平均する2次元の移動平均は図10.11のように構成できる。これが2次元のY分離である。

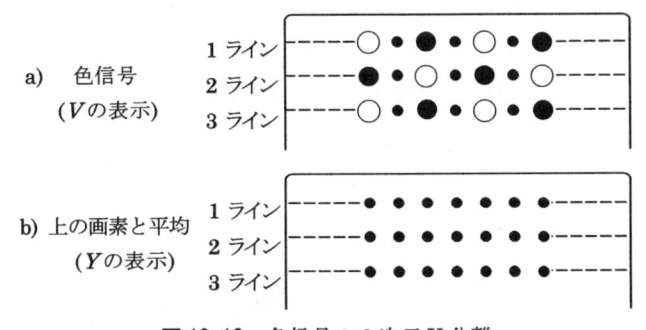

a)　色信号
　　(Vの表示)
　　1ライン
　　2ライン
　　3ライン

b)　上の画素と平均
　　(Yの表示)
　　1ライン
　　2ライン
　　3ライン

図10.12　色信号の2次元Y分離

a) の場合、2ラインの左端を注目画素とするとこれは-90度の色信号を輝度信号として表示しているので黒である。上の画素は信号が位相反転しているので色信号が90度である。したがって表示は白となる。各画素の信号を平均すると、これはb) の2ラインの左端に示したように灰色に表示される。つぎつぎと右へ移動していっても結果は灰色になる。そして3ラインになっても注目画素とその上の画素に対応した信号の位相は互いに180度ずれているので、

平均すると灰色になってしまう。つまり、2次元Y分離は1次元Y分離と同様に、映像信号から色信号を除去できる。

つぎに縦縞画像となる輝度信号が入力された場合について考える。図10.13にその状況を示した。a)はY分離されない場合の画像を示す。また、b)は2段遅延の1次LPFでY分離された場合を示す。このLPFは周波数f_{sc}の縦縞画像となる輝度信号を分離できずに除去してしまっている。

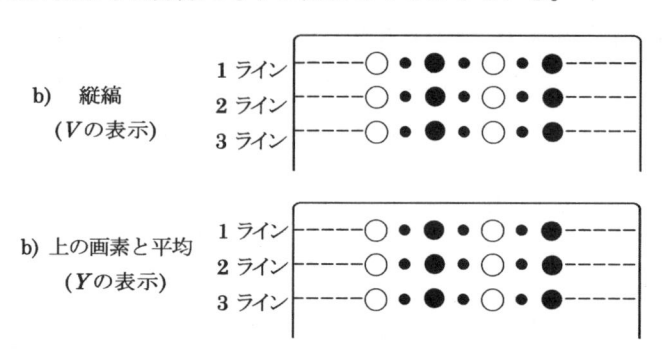

b) 縦縞
(Vの表示)

1 ライン
2 ライン
3 ライン

b) 上の画素と平均
(Yの表示)

1 ライン
2 ライン
3 ライン

図10.13　3.58MHz縦縞の2次元Y分離

10.2.3　1次元フィルタによるC分離

2段遅延の1次HPFは、サンプリング周波数を$4f_{sc}$とすると、C分離が可能になる。4章ではこのHPFの周波数応答が、色信号周波数f_{sc}を中心にしたBPFになることを分析した。そしてこのHPFが映像信号から輝度信号を除去するので、色信号を分離する能力があることを知った。ところが、2次元の空間フィルタおよび波形応答の観点から考えると、このHPFが周波数f_{sc}の縦縞画像となる輝度信号を除去できないことがわかる。すなわち、縦縞が色に混入して妨害を与える。これをクロスカラー（**cross color**）という。

このHPFの構成は図10.14のようになる。1次元フィルタと考えると、こ

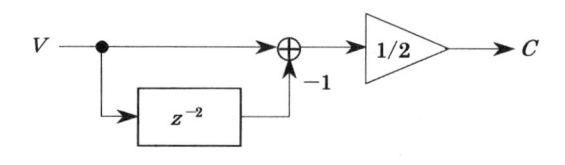

図10.14　1次元C分離

10.2 2次元フィルタ

れは2画素前との差をとっていることになる。移動平均と対比してこれを移動差分と呼ぶ。

ここで、入力の映像信号 V は、グレーレベルの上に色信号が重畳されているとする。つまり、色信号をモニタテレビに輝度信号として表示する画素と考える。C 分離する前の画素の状況を図 10.15 の a) に示した。

色信号が1ラインの左〇の画素で90度だとすると、信号 V の振幅は灰色のレベルより高くなり白丸〇で表した。つぎの画素は180度で信号 V の振幅は灰色のレベルであり点・で表した。そのつぎの画素は -90 度で信号 V の振幅は黒のレベルとなり黒丸●で表した。つぎの画素は0度で信号 V の振幅は灰色のレベルとなり点・で表した。

2ライン目になると色信号は水平走査期間 H すなわち $910 T_s$ 後である。これは $227.5 T_{sc}$ であるから、ライン間では色信号が、0.5 周期ずれていることがわかる。すなわち、ライン間では色信号の位相が反転する。

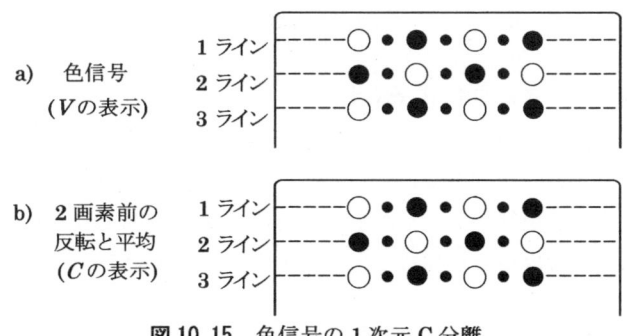

a) 色信号
 （V の表示）

1 ライン ------〇・●〇・●-----
2 ライン ------●・〇●・〇-----
3 ライン ------〇・●〇・●-----

b) 2画素前の
 反転と平均
 （C の表示）

1 ライン ------〇・●〇・●-----
2 ライン ------●・〇●・〇-----
3 ライン ------〇・●〇・●-----

図 10.15　色信号の1次元 C 分離

したがって、図 10.15 の a) に示したように、2 ラインの左端はその上と位相が反転して白丸〇となる。同様に2ラインは他の白丸〇黒丸●も1ラインと逆になる。そして3ラインは再び反転するので1ラインと同じになる。3ラインを2次元配置して表示すると白と黒が市松模様になることがわかる。つまり、C 分離する前は色信号が重畳した映像信号を画素として表示すると、無数の白点と黒点が表れる。これが色信号である。色分離は Y 分離で説明した縦縞を除いて市松模様を残す機能である。

C 分離を図 10.14 によって行い表示すると、図 10.15 の b) に示したように市松模様が残る。すなわち、この BPF を1次元フィルタと考えると、これは

2画素前との移動差分をとっていることになるから、市松模様が残る。

つぎに周波数が f_{sc} の縦縞画像となる輝度信号が入力された場合について考える。図 10.16 にその状況を示した。a）は C 分離されない場合の画像を示す。また、b）は 2 段遅延の 1 次 BPF で C 分離された場合を示す。この BPF は周波数 f_{sc} の縦縞画像となる輝度信号を除去できず通過させてしまっている。

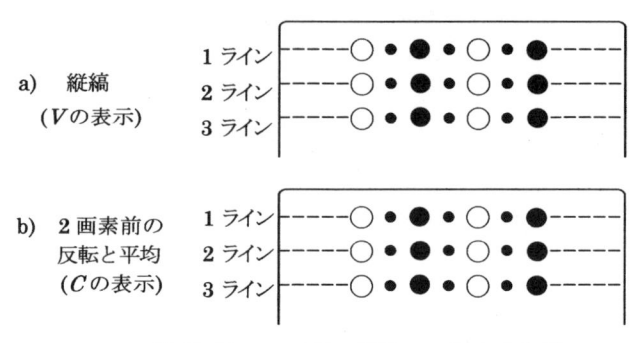

a) 縦縞
（V の表示）

b) 2画素前の
反転と平均
（C の表示）

図 10.16　3.58MHz 縦縞の 1 次元 C 分離

10.2.4　2 次元フィルタによる C 分離

現在の信号による画素を注目画素とすると、前項の移動差分は注目画素と 2 画素左との差をとることである。そして、この 1 次元の移動差分によって縦縞の情報を失なうことを知った。しかし、縦方向つまり 2 次元の差分処理をすると色信号を残して縦縞信号を除去できることが知られている。

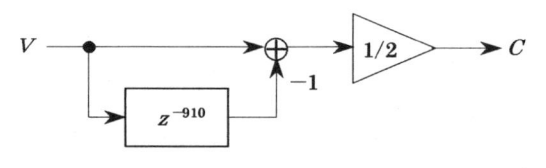

図 10.17　2 次元 C 分離

上の画素は注目画素の 910 サンプリング前の画素であるから、各画素の差をとる 2 次元の差分処理は図 10.17 のように構成できる。そして 2 次元の差分処理は、上の画素との差分を水平周期 H ごとに下方向へ実行する処理であるから、2 次元の移動差分と呼ぶ。これが 2 次元の C 分離である。

a）の場合、2 ラインの左端を注目画素とするとこれは −90 度の色信号を輝度信号として表示しているので黒である。上の画素は信号が位相反転している

10.2 2次元フィルタ

ので色信号が90度である。したがって表示は白となる。各画素の信号の差をとると、これはb)の2ラインの左端に示したように黒に表示される。つぎつぎと右へ移動していっても結果は注目画素が残ることになる。そして3ラインになっても注目画素とその上の画素に対応した信号の位相は互いに180度ずれているので、差分をとると注目画素が残る。つまり、2次元C分離は1次元Y分離と同様に、移動差分によって映像信号から色信号を取り出すことができる。

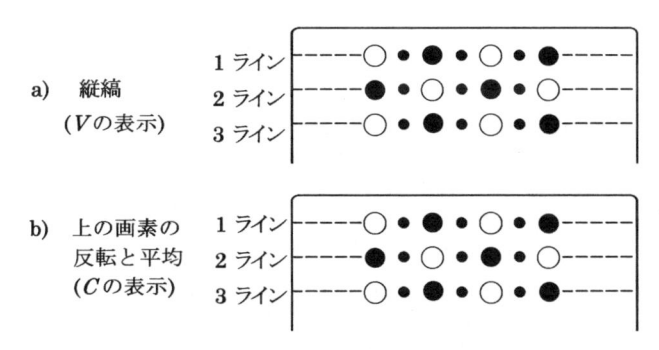

a) 縦縞
（Vの表示）
　1ライン
　2ライン
　3ライン

b) 上の画素の
反転と平均
（Cの表示）
　1ライン
　2ライン
　3ライン

図10.18　色信号の2次元C分離

つぎに縦縞画像となる輝度信号が入力された場合について考える。図10.19にその状況を示した。a)はC分離されない場合の画像を示す。2段遅延の1次BPFではC分離では周波数f_{sc}の縦縞画像となる輝度信号を除去できずに通過させてしまっていた。

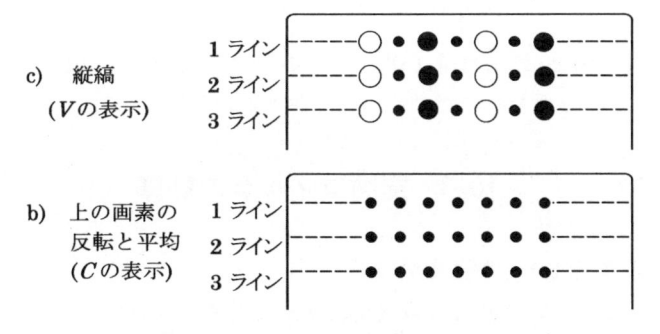

c) 縦縞
（Vの表示）
　1ライン
　2ライン
　3ライン

b) 上の画素の
反転と平均
（Cの表示）
　1ライン
　2ライン
　3ライン

図10.19　3.58MHz縦縞の2次元C分離

縦縞の画像に対応した信号を2次元Y分離に入力した場合について説明する。その状況を図10.19に示した。a)では、2ラインの左端を注目画素とすると

これは周波数が f_{sc} の信号の90度における表示をしているのであって白である。上の画素は縦縞であるから信号は同相なのでやはり 90 度である。したがって表示は同じく白となる。各画素の信号を移動差分により処理すると、これは b) の2ラインの左端に示したように灰色に表示される。つぎつぎと右へ移動していっても結果は灰色となり縦縞の情報は除去されている。そして3ラインになっても注目画素とその上の画素に対応した信号の位相は同じなので、縦縞の情報が残らない。つまり、2次元 Y 分離は周波数が f_{sc} の縦縞の輝度信号を除去することができる。

10.2.5 2次元フィルタによる YC 分離

2次元フィルタによる Y 分離と C 分離はドット妨害とクロスカラーの双方を低減できることを学んだ。しかし、2次元フィルタは z^{910} の処理をするために多くのハードウェアを必要とする。たとえば、8ビットなら910段のシフトレジスタが8本必要になる。個別に Y 分離と C 分離を行うと、これが2組必要になる。

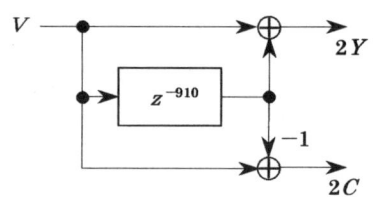

図 10.20 基本2次元 YC 分離

しかし、図 10.20 によれば1組の z^{910} 処理で Y 分離と C 分離が可能になる。ただし、1/2 の処理を省いたので出力は各々 $2Y$ と $2C$ になる。

10.3 空間フィルタの計算

10.3.1 2次元 LPF の周波数特性

図 10.11 に示した 2 次元 Y 分離は LPF である。サンプリング周波数が $4f_{sc}$ の場合の構成が示されている。この項では信号や伝達関数は複素数として取り扱い、ゲインの周波数特性を求める。

(1) 2次元 YC 分離の伝達関数を G として、ゲインを周波数で表す。

10.3 空間フィルタの計算

誘導　$G = (1 + z^{-910})/2$
　　　　　$= z^{-455}(z^{455} + z^{-455})/2$
　　　　　$= z^{-455} \cos(\omega H/2)$
　　　　　$= z^{-455} \cos(\pi f/f_H)$

結果　$G = |\cos(\pi f/f_H)|$

説明　z^{-910} は水平周期 H の遅延を表し、z^{-455} は $H/2$ の遅延を表す。このフィルタはゲインが $|\cos(\pi f/f_H)|$ となるだけでなく、$H/2$ の遅延をすることがわかる。

(2) 上記でゲインが 0 になる周波数 f_n と、カットオフ周波数 f_0 を求める。

誘導　$|\cos(\pi f_n/f_H)| = 0$ より
　　　　　$f_n = f_H/2 = 15.734 \text{ k}/2 = 7.867 \text{ k}$
　　　　　$|\cos(\pi f_0/f_H)| = 1/\sqrt{2}$ より
　　　　　$f_0 = f_H/4 = 15.734 \text{ k}/4 = 3.934 \text{ k}$

結果　$f_n = 7.867 \text{ kHz}$
　　　　　$f_0 = 3.934 \text{ kHz}$

説明　ここで求めた f_n と f_0 は周波数が最も低い解であって、図10.21 に示すように多くの解がある。ナイキスト周波数は $2f_{sc}$ であるが、これは $455 f_H$ である。また色信号は図10.12に示すように、2 ラインで 1 周期になっている。ノッチの周波数が $f_H/2$ であるから、色信号が除去されることがわかる。

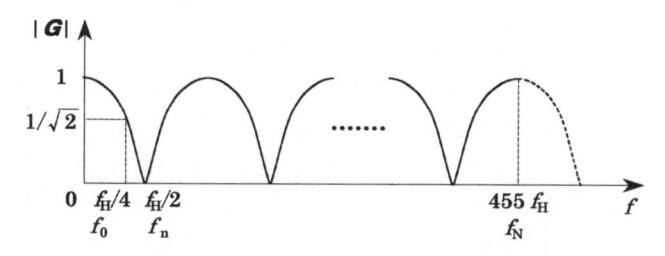

図 10.21　2 次元 LPF を使った Y 分離の周波数特性

10.3.2　2 次元 HPF の周波数特性

図 10.17 に示した 2 次元 C 分離は HPF である。サンプリング周波数が $4f_{sc}$ の場合の構成が示されている。この項では信号や伝達関数は複素数として取り

扱い、ゲインの周波数特性を求める。

(1) 2次元 C 分離の伝達関数を $\boldsymbol{G}$ として、ゲインを周波数で表す。

誘導　　$G = (1 - z^{-910})/2$
　　　　　　$= z^{-455}(z^{455} - z^{-455})/2$
　　　　　　$= jz^{-455} \sin(\omega H/2)$
　　　　　　$= jz^{-455} \sin(\pi f/f_H)$

結果　　$G = |\sin(\pi f/f_H)|$

説明　　j は 90 度の位相進みを表している。また、z^{-910} は水平周期 H の遅延を表し、z^{-455} は $H/2$ の遅延を表す。このフィルタはゲインが $|\sin \pi f/f_H|$ となるだけでなく、$H/2$ の遅延をすることがわかる。

(2) 上記でゲインが 1 になる周波数 f_1 と、ノッチ周波数 f_n を求める。

誘導　　$|\sin(\pi f_1/f_H)| = 1$ より
　　　　　$f_1 = f_H/2 = 15.734\,\mathrm{k}/2 = 7.867\,\mathrm{k}$
　　　　　$|\sin(\pi f_n/f_H)| = 0$ より
　　　　　$f_n = f_H = 15.734\,\mathrm{k}$

結果　　$f_1 = 7.867\,\mathrm{kHz}$
　　　　　$f_n = 15.734\,\mathrm{kHz}$

説明　　ここで求めた f_1 と f_n は周波数が最も低い解であって、図 10.22 に示すように多くの解がある。ナイキスト周波数は $2f_{sc}$ であるが、これは $455\,f_H$ である。また、色信号周波数 f_{sc} は $227.5\,f_H$ であって、f_1 が $f_H/2$ であるから、色信号がゲイン 1 で抽出されることがわかる。

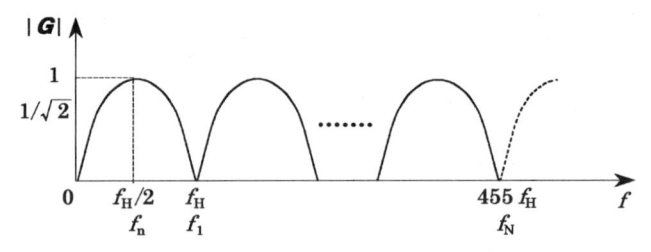

図 10.22　2次元 HPF を使った C 分離の周波数特性

第 11 章

信号の発生

入力された信号をフィルタなどによって処理する方法を学んできた。しかし、携帯電話の着メロや VTR のブルーバックなど、機器自体から信号を発生する必要もある。とくに変復調のためにはキャリアの発生が不可欠である。そこでこの章では各種の信号発生方法を学ぶ。

11.1 インパルス応答による信号の発生

インパルス応答は 9 章で学んだ。この節ではインパルス応答を応用した波形の発生方法を学ぶ。

11.1.1 インパルス応答

インパルスは次のような波形をいう。1 サンプリング期間 T_s だけ値が存在して、他は 0 の信号である。

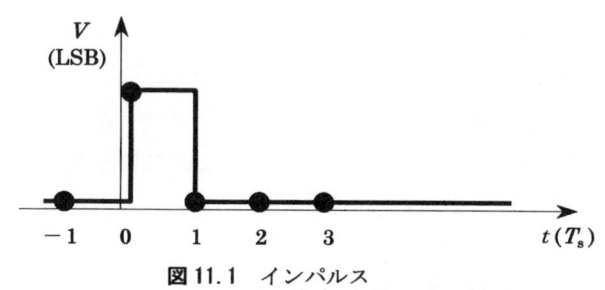

図 11.1 インパルス

フィルタにインパルスを加えることによって、伝達関数が持っている係数で応答が定まるので、波形発生に利用することができる。

第 11 章　信号の発生

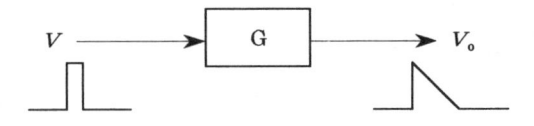

図 11.2　インパルス応答

つぎのような伝達関数のフィルタは、図 11.3 の構成である。この図ではインパルスを加えた状況を示している。

$$V_o = A_0 V + A_1 z^{-1} V + \cdots + A_m z^{-m} V \qquad \cdots (11.1)$$

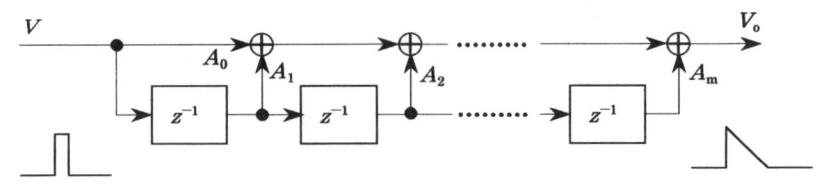

図 11.3　m 次 FIR の構成

入力されたインパルスは $t=0$ のとき $V_o = A_0 V$ の出力となる。その後サンプリング時間 T_s ごとに、z^{-1} の遅延によりインパルスが右に移動する。したがって、$A_1 V$、$A_2 V$、$\cdots$、$A_m V$ と係数 A を並べた波形を発生する。

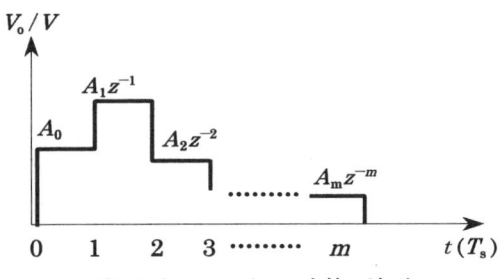

図 11.4　インパルス応答の波形

この原理によれば、単発の任意波形を発生させることができる。また、インパルスを繰り返し入力することで、任意の繰り返し波形を発生させることも可能である。

11.1.2　IIR による不完全微分波の発生

カウンタなどの処理のトリガをかけるために、波形のエッジを使うことが多い。このエッジを抽出して伝送するには、不完全微分波がよく使われる。イン

パルスよりも伝送上の振幅低下が少ないからである。不完全微分波は 1 次 IIR のインパルス応答で求められる。

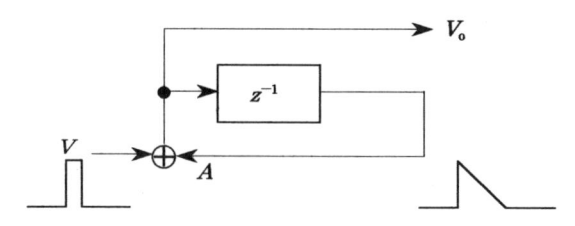

図 11.5　不完全微分波の発生

図 11.5 に、不完全微分波の発生方法を例示した。1 次 IIR の伝達関数は、つぎのようになる。

$$G = \frac{1}{1 - Az^{-1}}$$
$$= 1 + Az^{-1} + A^2 z^{-2} + \cdots \qquad \cdots(11.2)$$

$t=0$ で振幅が V のインパルスが入力されたとすると、出力は V となる。$0<A<1$ なら、その後サンプリング時間 T_s ごとに、出力は AV、A^2V とべき乗で低下していく。したがって、図 11.6 に示したように不完全微分波が発生すると考えられる。

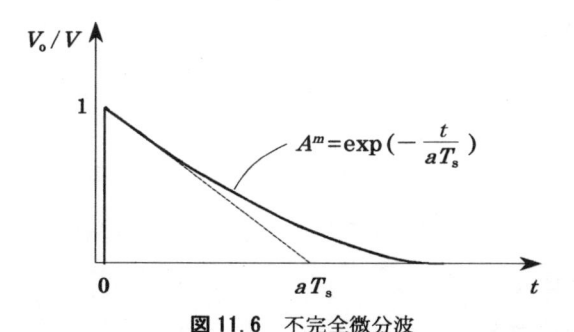

図 11.6　不完全微分波

ここで、この不完全微分波の時定数がどのようになるのか調べる。

$$\frac{V_o}{V} = A^m$$
$$= \exp\left(-\frac{t}{aT_s}\right) \qquad \cdots(11.3)$$

$t = mT_s$ では、ノーマライズされた振幅 V_o/V が A^m になる。これは（11.3）

式のように表すことができる。そして（11.3）式の両辺の対数をとって整理すると、$\ln A = -1/a$ となることがわかる。したがって、時定数はつぎのようになる。ここで、$\ln$ は自然対数を表す。

$$aT_s = \frac{-T_s}{\ln A} \qquad \cdots(11.4)$$

11.1.3 IIRによる $f_s/2$ 波の発生

前項では、$0<A<1$ の条件で波形が収束する例を示した。この項では A を -1 として発振させる。すなわち、インパルスを入力すると、出力波形が永久に持続する。

図11.7 $f_s/2$ 波の発生

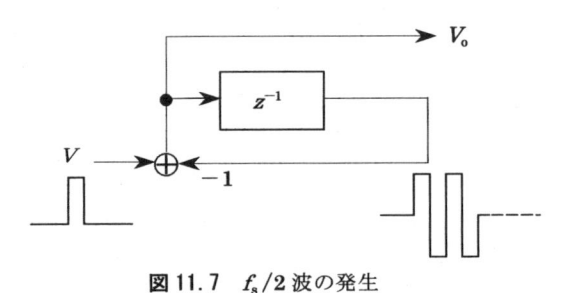

図11.7 にその構成を示した。伝達関数は

$$G = \frac{1}{1+z^{-1}}$$
$$= 1 - z^{-1} + z^{-2} - z^{-3} + \cdots \qquad \cdots(11.5)$$

$t=0$ で振幅が V のインパルスが入力されたとすると、出力は V となる。その後サンプリング時間 T_s ごとに、出力は $-V$、V と位相反転を繰り返す。

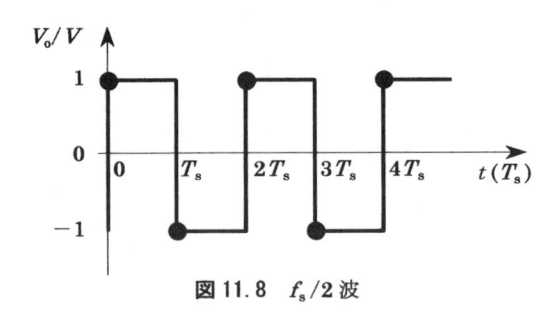

図11.8 $f_s/2$ 波

したがって、図 11.8 に示したように周期が $2T_s$ で周波数が $f_s/2$ の方形波を発生することができる。遅延は 1 段で考えたが、m 段の遅延を使えば周期が $2mT_s$ で周波数が $f_s/2m$ の方形波を発生することもできる。

11.2 鋸波の発生

鋸波は周期関数を発生させる場合の基本として重要である。この節では 1 次 IIR を使った鋸波の発生方法を学ぶ。

11.2.1 1 次 IIR による鋸波の発生

1 次 IIR の係数 A を 1 とすると、遅延器にはクロックごとの入力データが累積されていく。一定の入力を与えておくと、出力は直線的に増加する。そしてオーバフローすると、また累積が始まり鋸波が発生する。

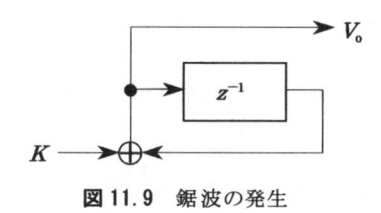

図 11.9 鋸波の発生

図 11.9 に構成の例を示す。この場合、出力 V_o はクロックごとに K LSB ずつ増加する。

11.2.2 鋸波の波形

図 11.10 に出力 V_o の波形を示した。この 1 次 IIR がどのような周期で鋸波を発生するのかを考える。

遅延器を N ビットとすると、加算器の出力が $2^{N-1}-1$ を越える時点でオーバフローする。V_o がクロックごとに LSB の K 倍ずつ累積増加して、オーバフローすると V_o は 2^N 低下する。したがって波形は鋸波になる。

また、オーバフローは $2^N/K$ 回の累積で発生するので、周期 T は (11.6) 式のようになる。

$$T = T_s \frac{2^N}{K} \qquad \cdots (11.6)$$

ここで応用上とくに重要なのは、この鋸波発生方法が K により周波数可変になっている点である。すなわち、データ K によって周波数が制御できることに特長がある。

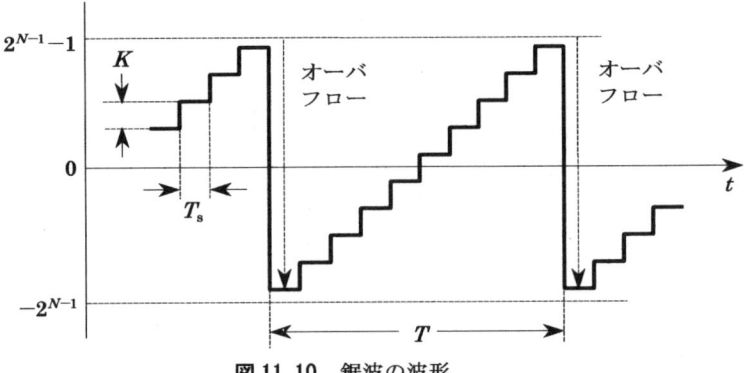

図 11.10 鋸波の波形

$t=0$ でオーバフローしたとすると出力はつぎの範囲で変動する。

$$-2^{N-1} \leqq V_o(0) \leqq K-1-2^{N-1} \quad \cdots(11.7)$$

オーバフローする前の $t=-T_s$ でも、出力はつぎの範囲で変動する。

$$2^{N-1}-K \leqq V_o(-T_s) \leqq 2^{N-1}-1 \quad \cdots(11.8)$$

したがって、応用する場合は変動をあらかじめ想定しておく必要がある。変動を小さくするには、N を大きくとり K を小さくする。また、2^N を K で割り切れるように選定できれば変動をなくすことができる。

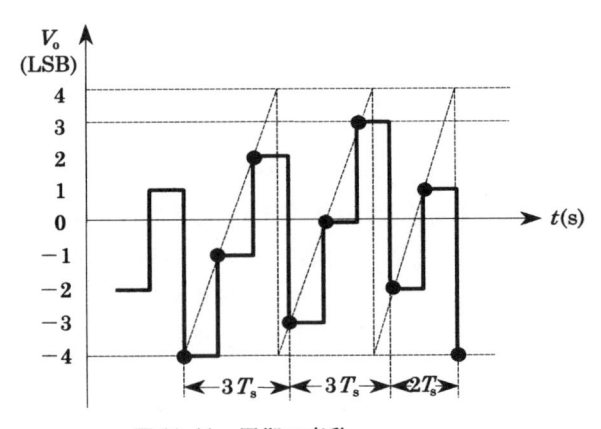

図 11.11 周期の変動

また、振幅の変動がある場合は、周期の変動もある。図 11.11 は、N が 3 ビットで K が 3 の場合について示した。オーバフローして -4 LSB になるときの周期は $2T_s$ で、それ以外では $3\ T_s$ である。一般にオーバフローして -2^{N-1} となるとき、周期 T は（11.6）式の計算結果を切り捨てた値になる。それ以外では切り上げた値になる。つまり、周期は T_s の変動を伴う。

したがって、応用する場合は変動をあらかじめ想定しておく必要がある。振幅の場合と同様に、周期の変動を小さくするには N を大きくとり K を小さくする。また、2^N を K で割り切れるように選定できれば変動をなくすことができる。

11.3　正弦波の発生

正弦波は変調や復調のために必須であるから、信号処理においても重要度が高い。つづく 12 章は変復調である。信号の発生を取り扱っているこの章で前もって正弦波の発生方法を学ぶ。

11.3.1　1 次 IIR を使った正弦波の発生

1 次 IIR を使って鋸波を発生させる方法を学んだ。この鋸波の振幅で ROM のアドレスを定めアドレスに対応したデータを取り出すと任意の周期関数波を取り出すことができる。

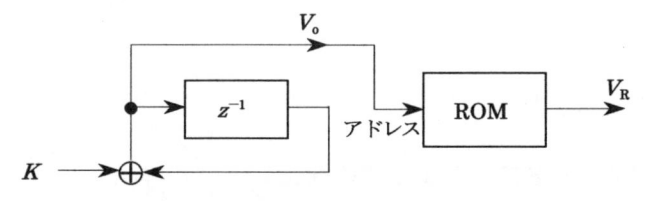

図 11.12　ROM による正弦波への変換

この方法は変換によるもので、ROM だけでなく、マトリックスも使える。さらに他の方法としては、演算による方法もある。たとえば、2 次式に近似するなら、2 次式の演算回路や演算プログラムで変換することもできる。

つぎに具体的に正弦波を発生させる場合について説明する。鋸波から正弦波に変換している状況を図 11.13 に示した。図 11.13 において V_o は横軸にとって

いる。V_o が -2^{N-1} のとき $t=0$ とすると、2^{N-1} のとき $t=T$ となると考えられる。しかし、実際には N ビットの加算器は $V_o=2^{N-1}$ のとき $V_o=-2^{N-1}$ にオーバフローしてしまう。つまり、アドレスは有効値 $-2^{N-1} \sim 2^{N-1}-1$ を繰り返すことになる。

いっぽう、ROM のデータ V_R は正弦波の振幅を V_s とすると、つぎの値の整数部を格納することになる。

$$V_R = V_s \sin \omega t$$
$$\qquad = V_s \sin 2\pi (V_o/2^{N-1}+1) \qquad \cdots(11.9)$$

ただし、繰り返し周波数 f はつぎの式に従う。

$$\omega = 2\pi f = \frac{2\pi}{T} \qquad \cdots(11.10)$$

ここで、$T=T_s 2^N/K$ であったから、この正弦波発生方法によれば鋸波のときと同様にデータ K によって周波数を制御できる。

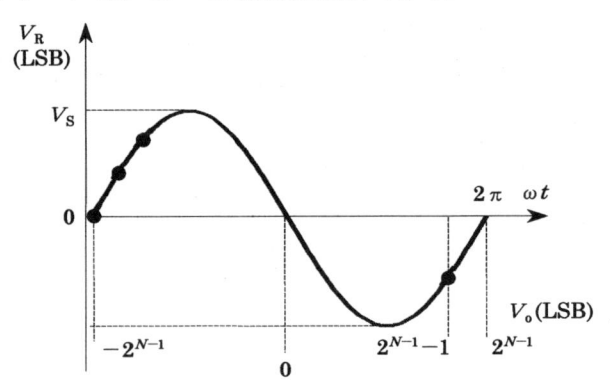

図 11.13 アドレス V_o に対するデータ V_R の発生

11.3.2 2次 IIR を使った正弦波の発生

周波数が固定の正弦波なら、2次 IIR によって比較的簡単な構成で信号を発生させることができる。図 11.14 に構成を示した。分母の係数を0次と2次で等しくしている。

$$G = \frac{1}{1-Az^{-1}+z^{-2}} = \frac{1}{z^{-1}(2\cos\omega T_s - A)} \qquad \cdots(11.11)$$

伝達関数は (11.11) 式のようになり、その分母はつぎの条件で0になることがわかる。

11.4 信号発生の計算

$$2\cos\omega T_s = A \qquad \cdots(11.12)$$

つまり、共振周波数でゲインが無限大になることを示している。実際にはインパルスを加えると、あと入力がなくなっても共振周波数成分の出力が持続する。したがって、図 11.14 の構成によると、(11.12) 式にもとづく周波数で正弦波を発生させることができる。

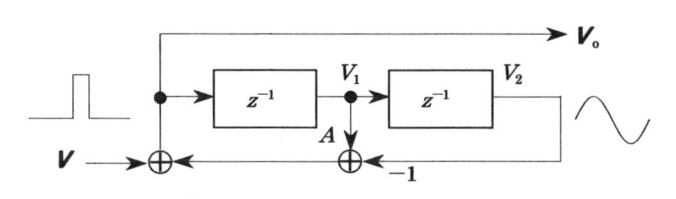

図 11.14 正弦波の発生

11.4 信号発生の計算

11.4.1 色基準信号の発生

MPEG の映像信号処理では、13.5MHz のクロックが使われる。これは水平周波数 f_H の 858 倍に定められている。ところが NTSC の色基準信号周波数 f_{sc} は $910f_H/4$ であり、簡単な整数比にはならない。したがって、13.5MHz のクロックを使った映像機器では、色基準信号を特別に発生させて色信号処理をする必要がある。

(1) 図 11.9 で周波数が f_{sc} の鋸波を発生させる。クロック f_s が 13.5 MHz の場合の鋸波を発生させる。N は 11 ビットとする。

    文字式 $k = 2^N f_{sc}/f_s$
    計算式 $2048 \times 910 f_H/4 \times 858 f_H = 543.0303\cdots$
    結果   543 LSB
    説明   (11.6) 式による。結果は小数点以下を切捨てる。

(2) 上記で鋸波の周波数精度を求める。

    誘導   0.0303/543 = 0.0000558
    結果   0.00558%
    説明   周波数が 200Hz 程度低くなる。

11.4.2 低域色基準信号の発生

VTR の色信号処理では、色信号周波数を下げて記録される。これを低域色信号と呼ぶ。VHS 方式の場合には $40f_H$ で約 629kHz となる。

(1) 図 11.14 により 2 次 IIR で正弦波を発生させる。周波数は $40f_H$ とし、クロックは $4f_{sc}$ を使う。係数 A を求める。

    文字式 $A = 2\cos\omega T_s$
         $= 2\cos 2\pi \times 40f_H / 910f_H$
    計算式 $2\cos 2\pi \times 0.043956$
        $= 1.924206\cdots$
    結果 1.9242 倍
    説明 (11.12) 式による。π は関数電卓などで精度のよい値を使う。

(2) 上記結果を 2 のべき乗の数で表す。

    計算式 $1.9242 = 1 + 1/2 + 1/4 + 1/8 + 1/32 + 1/64 + \cdots$
    結果 1/64 以下を切り捨てると、**1.921875** となる。
    説明 上記では周波数は 1.5%程度高くなる。精度を上げるにはさらに切捨てを小さくする必要がある。

第 12 章

変調・復調

ラジオの音声はAM変調やFM変調で送られてくる。テレビ放送では映像がAM変調やFM変調で送られてくる。ディジタル映像の記録や伝送では QPSK などがよく使われる。信号の記録や伝送には変復調が不可欠であるので、この章ではディジタル信号処理による変復調の方法を学ぶ。

12.1 AM 変調

AM（Amplitude Moduration）変調は電波の周波数の交流の振幅を変えて情報を送る方法である。モールス符号を電波に乗せて送るとき、振幅が0か1で送るので AM 変調を使っている。この節ではアナログ信号をディジタル信号処理によって変調や復調をする方法を学ぶ。

12.1.1 AM 変調の方法

電波のもとになっている交流を搬送波という。搬送波の振幅を音声や映像の信号振幅によって変化させるのが AM 変調である。図 12.1 に AM 変調を受け

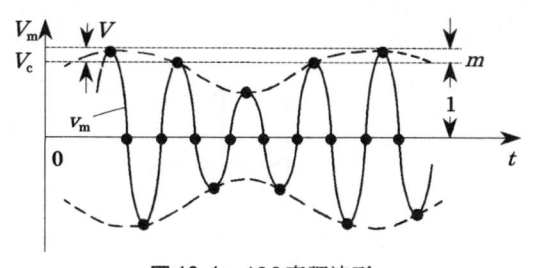

図 12.1　AM 変調波形

た波形を示した。

搬送波の振幅を V_c、周波数を f_c とすると、搬送波 v_c は

$$v_c = V_c \cos \omega_c t \qquad \cdots (12.1)$$

また、信号の振幅を V、周波数を f とすると、信号 v はつぎのように表すことができる。

$$v = V \cos \omega t \qquad \cdots (12.2)$$

そうすると変調波 v_m はつぎのように表すことができる。

$$\begin{aligned}v_m &= (V_c + V \cos \omega t) \cos \omega_c t \\ &= (1 + m \cos \omega t) V_c \cos \omega_c t \\ &= V_c \{\frac{m}{2} \cos(\omega_c - \omega)t + \cos \omega_c t + \frac{m}{2} \cos(\omega_c + \omega)t\} \qquad \cdots (12.3)\end{aligned}$$

ここで、信号の振幅 V と、搬送波の振幅 V_c の比 m を変調率という。

$$m = \frac{V}{V_c} \qquad \cdots (12.4)$$

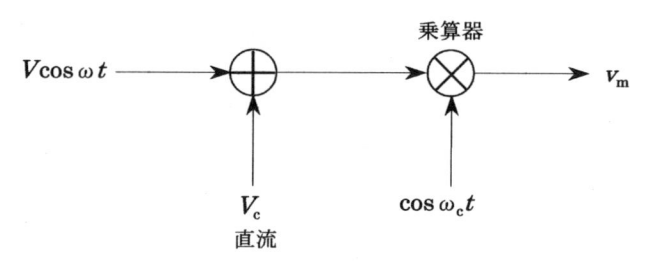

図 12.2　AM 変調の方法

実際に AM 変調するには図 12.2 のような構成による。

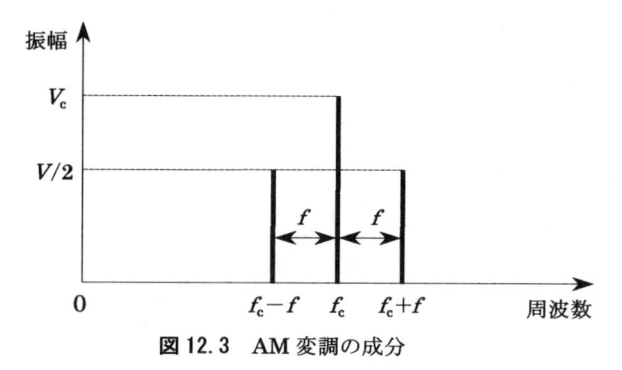

図 12.3　AM 変調の成分

信号 $V\cos\omega t$ に搬送波の振幅値 V_c を加えて、$\cos\omega_c t$ と乗算することで振幅変調波 v_m を得ている。(12.3) 式は AM 変調波が 3 種類の周波数成分から成り立っていることを示している。これを図示したものが図 12.3 である。周波数 f_c の成分は搬送波である。そして新しい 2 つの周波数の成分が現れている。低いほうの周波数は f_c-f であり、この成分を下側波という。高いほうの周波数は f_c+f であり、この成分を上側波という。

12.1.2　AM 復調の方法

AM 復調をするには、AM 変調波 v_m にキャリア v_c を乗算する方法がとられている。

$$\begin{aligned}
v_m \cos\omega_c t &= (1+m\cos\omega t) V_c \cos^2\omega_c t \\
&= (1+m\cos\omega t) \frac{1+\cos 2\omega_c t}{2} \\
&= \frac{V_c}{2}\{1+m\cos\omega t+(1+m\cos\omega t)\cos 2\omega_c t\}
\end{aligned}$$
$\cdots(12.5)$

成分には $m\cos\omega t\cos 2\omega_c t$ が含まれる。これから周波数が $2f_c-f$ と $2f_c+f$ の成分が発生する。それに $2f_c$ 成分、復調された信号、直流が加わる。

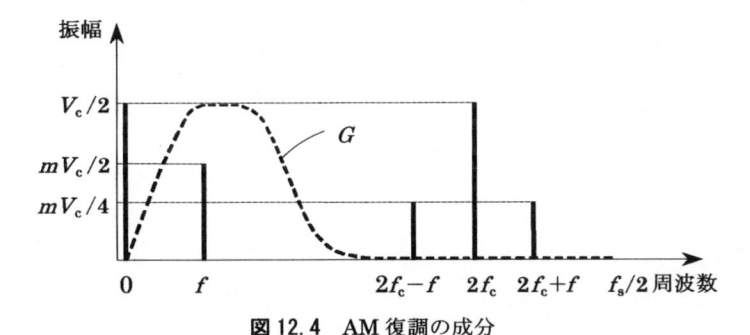

図 12.4　AM 復調の成分

したがって、これらを図示すると図 12.4 のようになる。このうち必要なのは周波数が f の復調された信号である。したがって、点線で示したような周波数特性を持つフィルタで信号を抽出することになる。

実際に復調するとなると、キャリアを乗算することになる。したがって、変調波からキャリアを抽出する必要がある。図 12.1 に示したように、キャリアが

十分ある場合、つまりキャリアが欠落していない場合は、狭帯域なフィルタにより変調波からキャリアを抽出することができる。以上の信号抽出用フィルタとキャリア抽出用フィルタを使った、AM 復調の構成は図 12.5 のようになる。

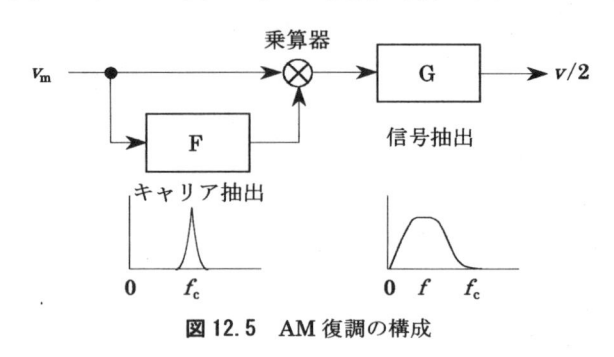

図 12.5 AM 復調の構成

12.2 FM 変調

FM 変調（Frequency Moduration）はキャリアの周波数を変えて情報を送る方法である。モールス符号を電波に乗せて送るとき、周波数が高いか低いかで 1、0 を定めて送るとすれば、これは FM 変調の考えを使っていることになる。

この節ではアナログ信号をディジタル信号処理によって変調や復調をする方法を学ぶ。

12.2.1 FM 変調の方法

キャリアの周波数を音声や映像の信号振幅によって変化させるのが FM 変調である。11 章では 1 次 IIR が、入力を変えることで周波数が変わる鋸波を発生することを学んだ。また、鋸波を正弦波に変換する方法も学んだ。

そしてこの 2 つの技術を組み合わせることで、実際に VTR の映像や音声の

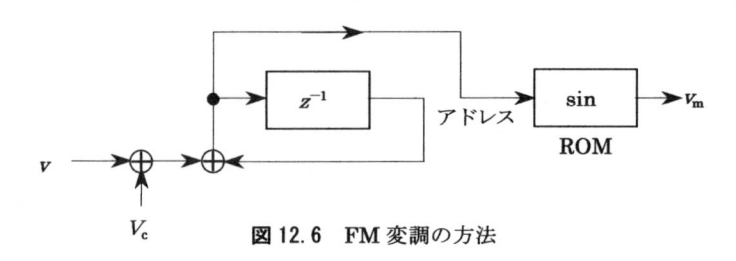

図 12.6 FM 変調の方法

12.2 FM変調

FM 変調が行われている。このアイデアによる FM 変調方法を、図 12.6 に示した。IIR には、信号 v に固定値 V_c を加えて入力としている。IIR の出力は ROM のアドレスとして使われ正弦波へ変換された FM 信号 V_m を得ている。

周波数は (12.6) 式で定まる。N はここで取り扱う信号のビット数であり、v は振幅が V の信号で $V\cos\omega t$ とする。また、T_s はクロック周期である。

$$f = \frac{1}{T} = \frac{V_c + v}{2^N T_s} = f_c(1 + m\cos\omega t) \quad \cdots(12.6)$$

$$f_c = \frac{V_c}{2^N T_s} \quad \cdots(12.7)$$

$$m = \frac{V}{V_c} \quad \cdots(12.8)$$

(12.7) 式はキャリア周波数を表している。すなわち、IIR の入力となる固定値 V_c でキャリア周波数が定まる。また、(12.8) 式の m は変調率を示す。

12.2.2 FM 復調の方法

図 12.7 には、実際に VTR の映像や音声の FM 復調に使われている基本的な方法を示した。

変調波 v_m はまずフェーズスプリッタで sin 波と cos 波に分けられる。上の出力は T_s 遅れた v_m である。下の出力は伝達関数が $jz^{-1}\sin\omega T_s$ であるから、周波数が $f_s/4$ 付近では、T_s 遅れかつ 90 度進んだ v_m となる。すなわち、上を $V_m\sin\omega t$ と表せば、下は $V_m\cos\omega t$ となる。

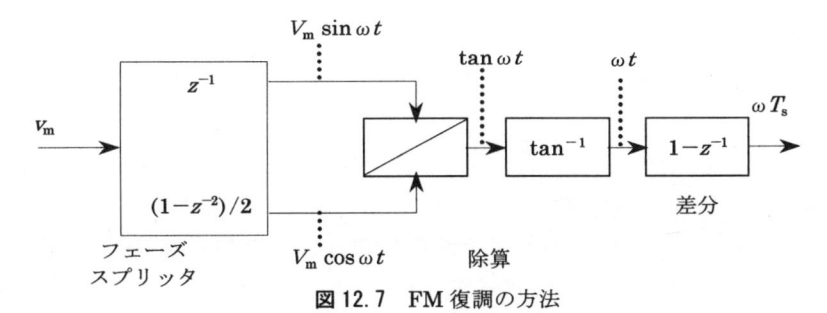

図 12.7 FM 復調の方法

ここで、$V_m\sin\omega t$ を $V_m\cos\omega t$ で除算すると $\tan\omega t$ を出力として得る。振幅 V_m は伝送路の周波数特性やノイズの影響で変動を受けている。フェーズスプリッタの出力で除算するということは振幅変動の影響を除くことになる。その結

果、出力は信号が存在する ω の関数 $\tan\omega t$ となる。

つぎに $\tan^{-1}$ の処理をすることにより ωt を出力として得る。さらに ωt に関して1クロック分の差分をとると出力は ωT_s となる。ωT_s はつぎのようになり、$m\cos\omega T_s$ は信号に比例している。すなわち、差分の出力はキャリア周波数に比例した固定値と FM 復調された信号になる。

$$\omega T_s = 2\pi f T_s$$
$$= 2\pi f_c(1+m\cos\omega T)T_s \qquad \cdots(12.9)$$

この FM 復調の方法でとくに重要なのは、フェーズスプリッタである。振幅変動の影響を除くには、cos 側のゲインの周波数による偏差を帯域内で1%以下にする必要がある。ゲインの変化がノイズになるからである。図 12.7 に例示したフェーズスプリッタはゲインが $\sin\omega T_s$ であるから、周波数が $f_s/4$ 直近でしか使えない。広帯域なフェーズスプリッタとしてはヒルベルトのフィルタがあって、10次〜20次の高次フィルタが使われる。

12.3　直交変調

sin 波と cos 波を加算した信号について考える。sin 波の振幅が0のとき、cos 波の振幅は sin 波の影響を受けない。また、cos 波の振幅が0のとき、sin 波の振幅は cos 波の影響を受けない。これを直交しているという。sin 波と cos 波は直交しているので、1度に2つの情報を送ることができる。このための変調を直交変調という。

直交変調は映像信号中の色信号の変調や、ディジタル伝送の QPSK に利用されている。

12.3.1　色信号の変調

映像信号は輝度信号と色信号で構成されている。色信号は $B-Y$ と $R-Y$ の色差信号で周波数が f_{sc} の色搬送波（キャリア）を直交変調している。

図 11.8 にマゼンタを直交変調した場合の波形を示した。色信号の位相の基準としては逆相のキャリア 10 サイクルを水平同期信号のあとに重畳している。これはバースト信号と呼ばれる。図にはバースト信号と同相の信号をバーストと記している。その下の位相はバーストの位相である。

12.3 直交変調

(B−Y) は 0 度のキャリアを $B-Y$ で振幅変調した波形である。したがって、バーストが 270 度のとき振幅が $B-Y$ で、バーストが 90 度のとき振幅は $Y-B$ になる。また、(R−Y) は 90 度のキャリアを $R-Y$ で振幅変調した波形である。したがって、バーストが 180 度のとき振幅が $B-Y$ で、バーストが 0 度のとき振幅は $Y-B$ になる。

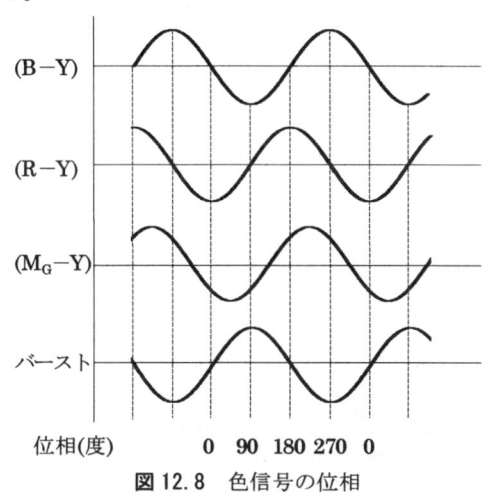

図 12.8 色信号の位相

マゼンタは青と赤を加えたものであるから、(M_G-Y) は (B−Y) と (R−Y) を加算した波形になっている。

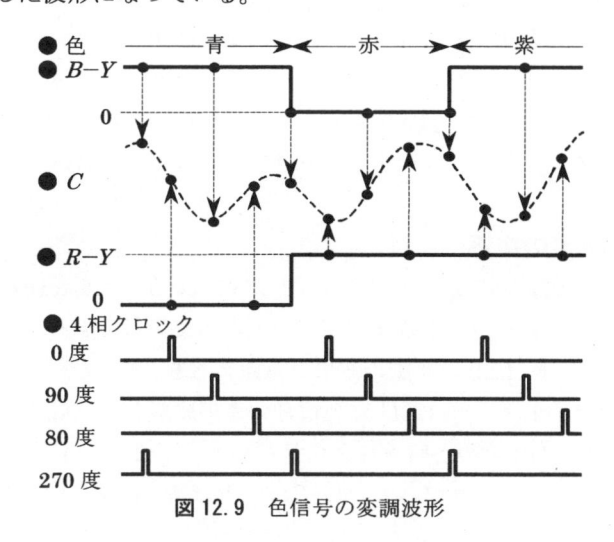

図 12.9 色信号の変調波形

図 12.9 には、色信号の変調波形を示している。周波数が f_{sc} で、バースト換算の位相が 0 度、90 度、180 度、270 度の 4 相クロックを使った方法である。左から順に、青、赤、紫で色信号 C を形成している。

0 度では $Y-R$ を C とし、90 度では $Y-B$ を C とし、180 度では $R-Y$ を C とし、270 度では $B-Y$ を C とすることで直交変調を行っている。このように 4 相クロック方式は乗算を使わないのでハードウェアやプログラムがシンプルになり、高速で実行できる。

図 12.10　色信号変調の構成

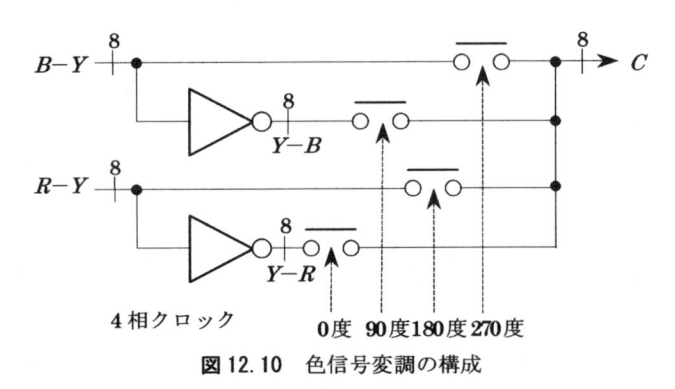

図 12.10 に、8 ビットの $B-Y$ 信号と $R-Y$ 信号で直交変調して色信号 C を得るための構成を示した。4 相クロック方式に基づいている。

入力 $B-Y$ と入力 $R-Y$ に対して、$B-Y$、$Y-B$、$R-Y$、$Y-R$ を準備しておく。つぎにスイッチャかセレクタにより、0 度、90 度、180 度、270 度の各時点で必要な信号を選択する構成である。この構成は実際に VTR の記録のときに使われている。ただし、このときキャリア周波数は 629kHz である。

12.3.2　色信号の復調

色信号の復調においても、4 相クロック方式によると乗算を使わないので高速な処理がシンプルなハードウェアやプログラムで実行できる。

復調するには、図 12.9 の変調の波形から考えると、矢印を逆さまにすると実行できると考えられる。図 12.11 に色信号の復調波形を示した。つまり、0 度、90 度、180 度、270 度の各時点で色信号 C によって $Y-R$、$Y-B$、$R-Y$、$B-Y$ が順に送られてくる。したがって、$Y-R$、$Y-B$ は $R-Y$、$B-Y$ にもどし $R-Y$、

12.3 直交変調

$B-Y$ に仕分けすれば復調される。

図 12.11 色信号の復調波形

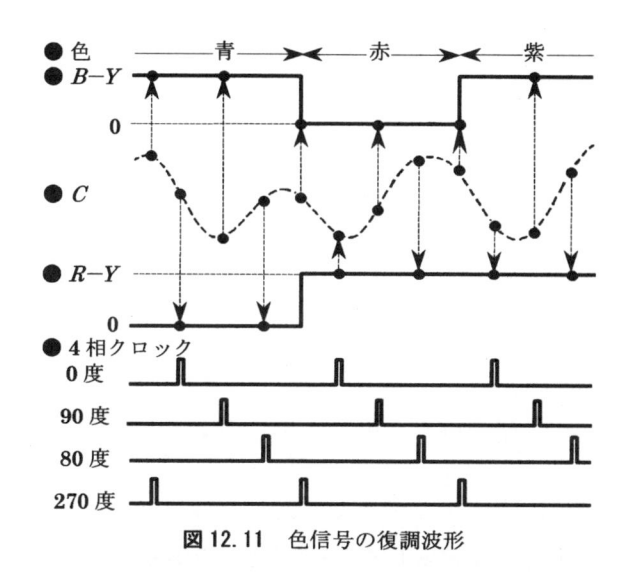

図 12.12 に 8 ビットの色信号 C を $B-Y$ 信号と $R-Y$ 信号に復調するための構成を示した。4 相クロック方式に基づいている。

入力の色信号 C に対し、あらかじめ逆相の $-C$ を準備して、色信号 C によって順に送られてくる $Y-R$、$Y-B$、$R-Y$、$B-Y$ からスイッチャかセレクタにより、0 度、90 度、180 度、270 度の各時点の信号に選択 $R-Y$、$B-Y$ に仕分けすれば復調される。

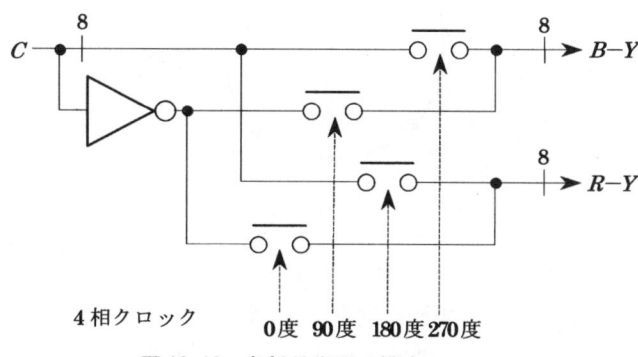

図 12.12 色信号復調の構成

この構成は実際に VTR やテレビの色復調として使われている。ただし、このとき4相クロックはバースト信号に同期をとる PLL (Phase Locked Loop) を構成して得ている。

12.4 QPSK

直交変復調は色信号の処理だけでなく、ディジタル信号の伝送にも利用されており、情報機器にとっても重要な技術である。QPSK はなかでも基本的かつ広く応用されている。

12.4.1 QPSK の変調

QPSK は Quadrature Phase Shift Keying の略称である。キャリアの位相の0度と180度をデータ0と1に割り付けると1ビットのデータを送ることができる。これが PSK である。直交変調の考えによると位相が90度違ったキャリアによって同時にもう1ビットデータを送ることができる。

位相が90度違っていることを Quadrature、同相のことを Inphase という。そこで90度位相を Q、0度位相を I と表すと、2つのデータ $D_Q D_I$ の組み合わせは4つある。そこで、キャリアの位相と $D_Q D_I$ の組み合わせは、つぎのように表すことができる。

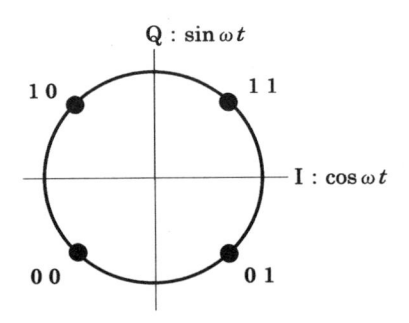

図12.13 $D_Q D_I$ のコンスタレーション

これをコンスタレーションと呼ぶ。$D_Q D_I$ が11なら、Q波の振幅が1、I波の振幅が1であって、変調波の位相は45度になる。また、$D_Q D_I$ が10なら、Q波の振幅が1、I波の振幅が-1であって、変調波の位相は135度になる。

12.4 QPSK

同様に $D_Q D_I$ が 00 なら、Q 波 I 波共に振幅が -1 で位相は 225 度になり、$D_Q D_I$ が 01 なら、Q 波が -1、I 波が 1 で位相は 315 度となる。

これを波形図で表すと図 12.14 のようになる。左から順にクロック CLK が 0 番で D_Q を出力し、CLK が 1 番で D_I を出力し、CLK が 2 番で $-D_Q$ を出力し、CLK が 3 番で $-D_I$ を出力することで QPSK の変調をしている。

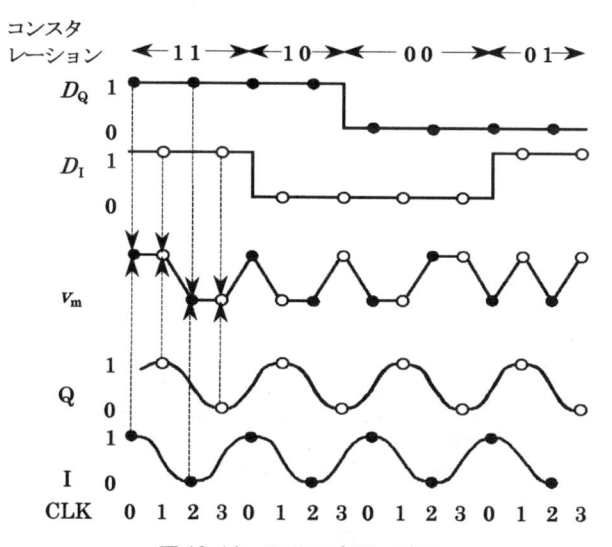

図 12.14 QPSK 変調の波形

これは 0～3 番の 4 相クロックを使った方法である。このように 4 相クロック方式は色変調と同様に乗算を使わないので、ハードウェアやプログラムがシンプルになり、高速で実行できる。構成は図 12.15 となる。

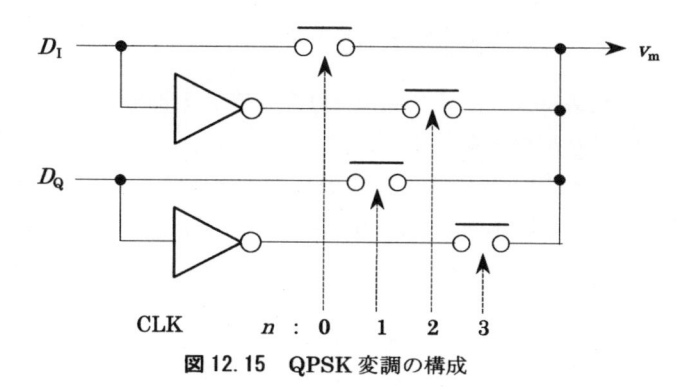

図 12.15 QPSK 変調の構成

12.4.2 QPSKの復調

QPSKの復調においても、4相クロック方式によると乗算を使わないので高速な処理がシンプルなハードウェアやプログラムで実行できる。

復調するには、図 12.14 の変調の波形から考えると、矢印を逆さまにすると実行できると考えられる。図 12.16 に QPSK の復調波形を示した。つまり、変調波 v_m の振幅を、左から順にクロック CLK が 0 番で D_Q へ出力し、CLK が 1 番で D_I へ出力し、CLK が 2 番で $-v_m$ を D_Q へ出力し、CLK が 3 番で $-v_m$ を D_I へ出力することで QPSK の復調をしている。

図 12.16 QPSK 復調の波形

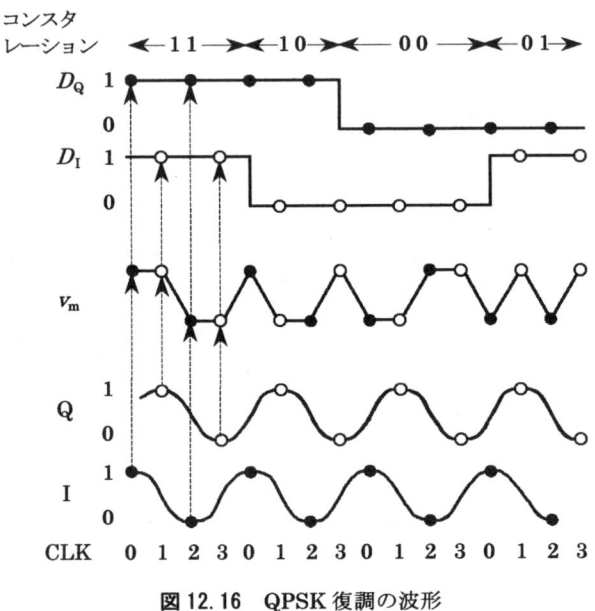

図 12.17 に、$D_Q D_I$ の 2 ビットで変調された QPSK 変調信号 v_m を D_Q 信号と D_I 信号に復調するための構成を示した。

4相クロック方式に基づいた方法で復調している。入力の信号 v_m に対し、あらかじめ逆相の $-v_m$ を準備して、順に送られてくる D_Q、D_I、$-D_Q$、$-D_I$ から CLK 番号 n によってスイッチャかセレクタにより、D_Q、D_I に仕分けすることによって復調される。

12.5 変復調の計算

図 12.17 色信号変調の構成

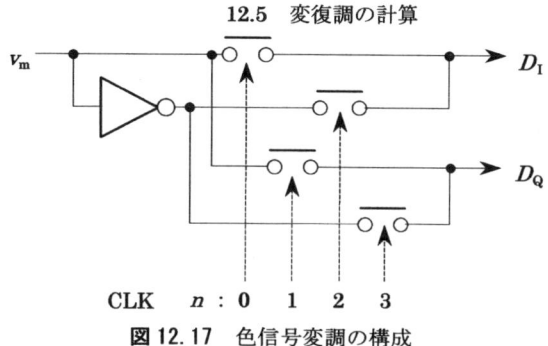

12.5 変復調の計算

12.5.1 AM 変調

AM ラジオ放送の変調の様子を知る。

(1) 図 12.2 の方法で AM 変調されているとする。搬送波の周波数 f_c を 600 kHz、信号の周波数 f を 3 kHz としたとき、上側波の周波数 f_H と下側波の周波数 f_L を求める。

  文字式 $f_H=f_c+f$, $f_L=f_c-f$
  計算式 600 k＋3 k＝603 k、600 k－3 k＝597 k
  結果 603 kHz、597 kHz

(2) AM 変調波をオシロスコープで見ると図 12.1 のようになる。振幅の最大値と最小値の比 a から変調率 m を求める。

  誘導 $a=(V_c+V)/(V_c-V)$
      $=(1+V/V_c)/(1-V/V_c)$
      $=(1+m)/(1-m)$
    上記より m を求める。
  結果 $m=(a-1)/(a+1)$

(3) 上記で振幅の最大値と最小値の比 a が 3 のときの変調率 m を求める。

  文字式 $m=(a-1)/(a+1)$
  計算式 $(3-1)/(3+1)=0.5$
  結果 50 %

12.5.2 FM 変調

FM で映像を記録する VTR について考える。

(1) VHS 型の場合には、同期信号を 3.4 MHz、100 % 白を 4.4 MHz で変調をする。図 12.6 で変調する場合の、搬送波の周波数を決定する定数 V_c と、信号の振幅 $2V$ を求める。ここで N は 12 ビットとする。

誘導　　$(V_c + V)/ 2^N T_s = 4.4$ M
　　　　$(V_c − V)/ 2^N T_s = 3.4$ M

計算式　$V_c = 7.8$ M $\times 4096/2 \times 4 \times 3.579545$ M
　　　　　　　$= 1115.6\cdots$
　　　　$V = 1$ M $\times 4096/2 \times 4 \times 3.579545$ M
　　　　　　　$= 143.0\cdots$

結果　　V_c は 1116 LSB
　　　　信号の振幅は 286 LSB

(2) 帯域が狭い場合には、つぎに示す単純な cos 形復調が使える。FM 変調波 v_m を遅延フィルタに通した出力を v_D、2 段遅延の 1 次 LPF に通した出力を v_L とする。この 2 つの出力は互いに位相が同じで、遅延フィルタのゲインは周波数によっては変わらないが、LPF のゲインは周波数によって変わる。そこで v_L/v_D を演算すると周波数によって変化する出力が得られると考えられる。以上のプロセスを式に表し FM 復調出力を求める。

誘導　　v_D と v_L は z^{-1} を使って、つぎのように表すことができる。

$$v_D = v_m z^{-1}$$
$$v_L = v_m(1 + z^{-2})$$

z^{-1} は T_s の遅延を表すから v_m を $V_m \cos\omega t$ とすると、v_D と v_L はつぎのように表せる。

$$v_D = V_m \cos\omega(t - T_s)$$
$$v_L = V_m \cos\omega t + V_m \cos\omega(t - 2T_s)$$
$$= 2V_m \cos\omega(t - T_s) \cos\omega T_s$$

ここで v_L を v_D で除算すると復調出力が得られる。

$$v_L/v_D = 2\cos\omega T_s$$

結果　　復調出力は $2\cos\omega T_s$ である。

説明　復調出力は、$f_s/4$ 付近で $\omega T_s = \pi/2$ となるので、周波数に比例した出力を得ることができる。

12.5.3 積の構成

係数 a と信号 b の積を実行し結果 ab を得る方法を考える。構成は論理ゲートで示す。

(1) 1ビットの a と N ビットの b の積

　　誘導　1ビットの a と1ビットの b の積は AND で表される。
　　　　　b が N ビットなら b はつぎの式で表される。
$$b = 2^{N-1}b_{N-1} + 2^{N-2}b_{N-2} + \cdots + 2b_1 + b_0$$
　　　　　ab は b の桁ごとに a と積をとればよい。
$$ab = 2^{N-1}ab_{N-1} + 2^{N-2}ab_{N-2} + \cdots + 2ab_1 + ab_0$$
　　結果　1ビットの a と N ビットの b の積は N 個の AND で構成できる。

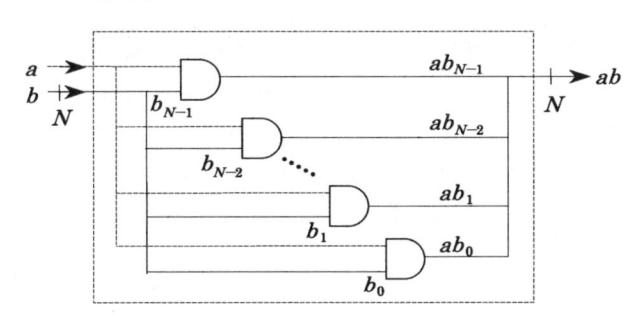

図 12.18 1ビットの a と N ビットの b の積

(2) N ビットの a と N ビットの b の積

　　誘導　(1)項の図 12.18 は、1ビットの a と N ビットの b の AND と同等であり、つぎのように表すことができる。

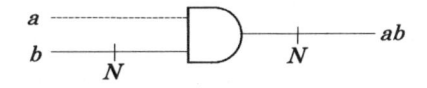

図 12.19 N ビットの AND

$$ab = (2^{N-1}a_{N-1} + 2^{N-2}a_{N-2} + \cdots + 2a_1 + a_0)b$$
$$= 2^{N-1}a_{N-1}b + 2^{N-2}a_{N-2}b + \cdots + 2a_1 b + a_0 b$$

ab を式で書けば上のようになり、各々の桁は N ビットの AND で表すことができる。

結果　N ビットの a と N ビットの b の積は N ビットの AND を N 個用いて構成できる。

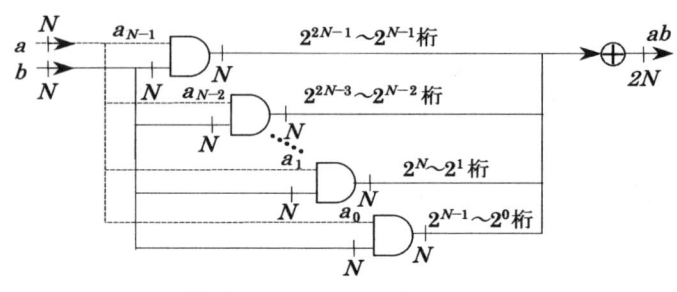

図 12.20　N ビットの積

説明　アダーには N ビットの信号が N 組入力される。一組ごとに 1 ビットずれているので、入力のビットレンジは $2N-1$ ビットである。出力はキャリーも含めて $2N$ ビットとなるが、信号処理では下位ビットは捨ててもよい。また、サインビットは別処理が必要である。

第 13 章
DCT

13.1 DCTの原理

13.1.1 cos変換

周波数が f の波形は、周波数が nf の級数で表されることを2章で学んだ。直流 C_0 まで含めると（13.1）式となる。

$$v(t) = C_0 + C_1 \cos \omega t + C_2 \cos 2\omega t + \cdots$$
$$+ S_1 \sin \omega t + S_2 \sin 2\omega t + \cdots \qquad \cdots(13.1)$$

$t=0$ で左右対称な偶関数なら sin の項は0となる。ここで係数 C_n を求めるとつぎのようになる。

$$C_0 = \frac{2}{T} \int_0^{T/2} v(t) \, dt \qquad \cdots(13.2)$$

$$C_n = \frac{4}{T} \int_0^{T/2} v(t) \cos n\omega t \, dt \qquad \cdots(13.3)$$

これを cos 変換という。

13.1.2 2画素DCT

ディジタル信号処理では、cos 変換をするのに離散値から求める。これが DCT (Discreat Cosine Transfer) である。

いま最も基本的な DCT として、2画素で構成された画像の場合に、成分の係数を求める。2画素の場合、成分は直流と基本波から構成される。基本波は m が0から1までの $2T_s$ で半周期となり、t が0で対称としているから、$4T_s$ で1周期となることがわかる。

したがって、2画素で構成された信号はつぎの式で表すことができる。

$$v = C_0 + C_1 \cos \frac{1}{4} \omega t \qquad \cdots(13.4)$$

ここで、ω はつぎの式に従う。

$$\omega = 2\pi f = \frac{2\pi}{T} \qquad \cdots(13.5)$$

図13.1に、画面の1ライン中の隣り合う2画素を示した。信号 $v(t)$ は2画素の離散的な数値 V_m すなわち V_0 と V_1 で表している。

画素の振幅	V_0	V_1	
信号の振幅	$v(t-T_s)$	$v(t)$	
遅延で表現	$z^{-1} v(t)$	$v(t)$	

図 13.1 2画素の画面と信号

つぎに振幅 V_0 と V_1 から C_0 と C_1 を求めるわけである。C_0 は(13.4)式の意味するところから、v_0 と v_1 の $2T_s$ 区間における電圧の平均値である。つまり $(V_0+V_1)/2$ となる。しかし、C_1 が電力の平均を求めている関係から、C_0 も補正して $C_0 = (V_0+V_1)/\sqrt{2}$ とする。つぎに(13.4)式から C_1 を求めるのであるが、V_0 と V_1 の区間は各々 $\cos \omega t$ の平均値で重み付けすることになる。したがって、C_1 は $v_0 \cos(\omega T_s/8) + v_1 \cos(3\omega T_s/8)$ となるが、$C_1 = (V_0-V_1)/\sqrt{2}$ と簡単化される。

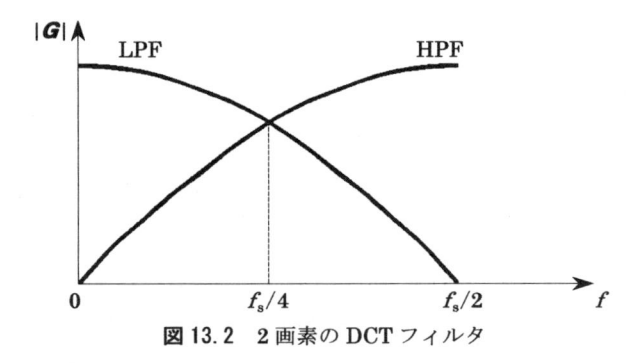

図 13.2 2画素の DCT フィルタ

ここで、画素の振幅 v_1 を時間 t における信号 $v(t)$ と考えると、v_0 は $v(t-T_s)$

となり、各々 V と $z^{-1}V$ と考えられる。つまり C_0 は信号 v のローパス出力であり、C_1 は信号 v のハイパス出力である。したがって 2 画素 DCT は、1 次 FIR による LPF と HPF で成分を抽出するフィルタの演算をしていることになる。図 13.2 に、2 画素 DCT フィルタの周波数特性を示した。LPF は $f_s/8$ 付近の成分を抽出して、HPF は $3f_s/8$ 付近の成分を抽出していると考えられる。

13.2　8 画素 DCT

JPEG や MPEG では DCT は基本的に 8 画素で構成されるので、この節では 8 画素の DCT を学ぶ。

13.2.1　8 画素 DCT の演算

8 画素で構成された画像の場合に、成分の係数を求める。基本波は画素番号 m が 0 から 7 までの $8T_s$ で半周期となり、t が 0 で対称としているから、$16T_s$ で 1 周期となることがわかる。

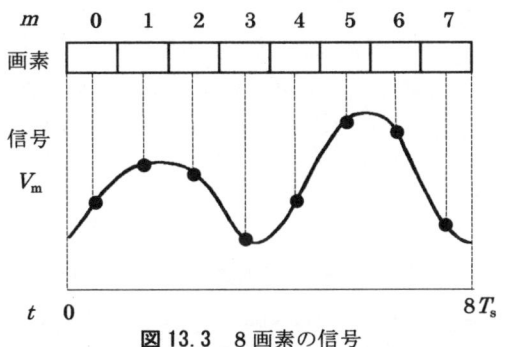

図 13.3　8 画素の信号

8 画素で構成された画面と信号の関係を示すと図 13.3 のようになる。そして信号 $v(t)$ を離散的な数値 V_m で表している。

8 画素で構成された信号はつぎの式で表すことができる。

$$v = C_0 + C_1\cos\frac{1}{16}\omega t + C_2\cos\frac{2}{16}\omega t + \cdots + C_7\cos\frac{7}{16}\omega t \quad \cdots(13.6)$$

各成分の波形を図 13.4 に示した。たとえば、8 画素とも白なら周波数が 0 の成分がほとんどであり、白黒白黒白黒白黒と並べば、周波数が $7f_s/16$ の成分がほとんどである。

第13章 DCT

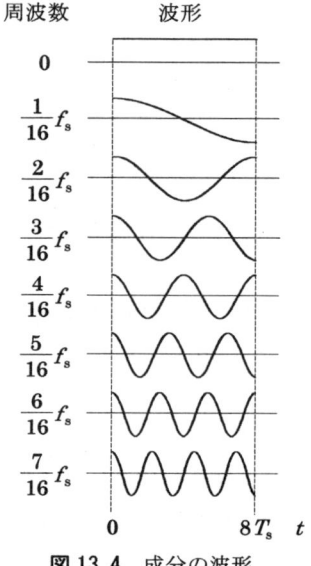

| 周波数 | 波形 |

図13.4 成分の波形

8画素の DCT は 8 画素の振幅 $V_0 \sim V_7$ により係数 $C_0 \sim C_7$ を求めることになる。C_0 は（13.2）式を離散化して、m が 0 から 7 までの $8T_s$ 区間における平均値を求めることになる。したがって、$(V_0 + V_1 + \cdots + V_7)/8$ となるが実効値で考えるとつぎのようになる。

$$C_0 = \frac{1}{\sqrt{2}}(V_0 + V_1 + V_2 + V_3 + V_4 + V_5 + V_6 + V_7) \qquad \cdots(13.7)$$

n が 0 でない場合、C_n は（13.3）式を離散化して、m が 0 から 7 までの $8T_s$ 区間における値を求めることになる。cos を掛けて積分するところは、m の区間の中間値 k_{mn} を掛けて加算する。中間値 k_{mn} および係数 C_n は、つぎとなる。

$$\cos\frac{2m+1}{16}n\pi = k_{mn} \qquad \cdots(13.8)$$

$$C_n = \frac{1}{2}\left(V_0\cos\frac{1}{16}n\pi + V_1\cos\frac{3}{16}n\pi + \cdots + V_7\cos\frac{15}{16}n\pi\right)$$
$$\cdots(13.9)$$

13.2.2 8画素の DCT フィルタ

8つの画素とその振幅を図 13.5 に示した。この図によると現在の画素の振幅が V_7 なら、V_6 は $z^{-1}V_7$ であり、V_5 は $z^{-1}V_6$ であり、以下同様に V_0 は $z^{-1}V_1$ で

13.2 8画素DCT

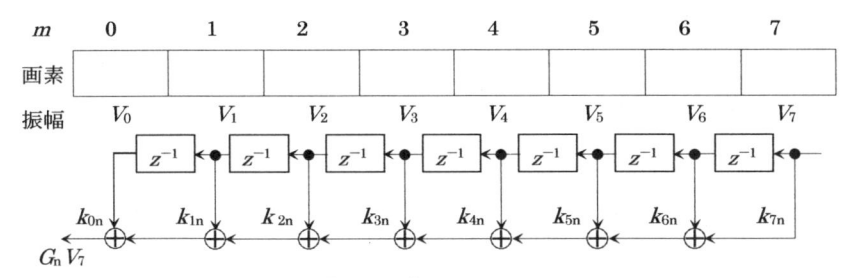

図 13.5 8画素DCTフィルタ

あることがわかる。

このようにして同時に得られる $V_0 \sim V_7$ に、k_{mn} を掛けて加算すると係数 C_n を演算できる。すなわち、係数 C_n を求める演算は、図 13.5 に示したフィルタの演算をすることと同じである。

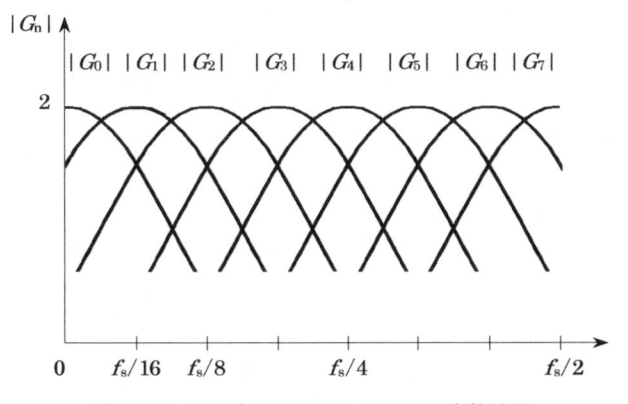

図 13.6 8画素DCTフィルタの周波数特性

つまり、DCT は FIR であって、8画素の DCT の場合は V_7 を入力とする 8 つの伝達関数 G_n を持ったフィルタ群である。伝達関数 G_n はつぎのように表すことができる。

$$G_n = k_{7n} + k_{6n}z^{-1} + k_{5n}z^{-2} + \cdots + k_{0n}z^{-7} \quad \cdots(13.10)$$

各々のフィルタは、図 13.6 に示すような周波数特性を持ち、信号 v から各成分を抽出する働きをする。

13.3 IDCT と 2 次元 DCT

13.3.1 IDCT

DCT を実行すると、画像の情報となっている特定の周波数の成分が大きくなり、他は小さくなる。情報価値のない小さいレベルの成分は切り捨てて 0 にすると情報量を減らして圧縮することができる。これを量子化という。

V_n → DCT → 量子化 → IDCT → V_n

図 13.7 量子化と逆 DCT

量子化した成分は少ない伝送量で伝送したり、大容量の記録をすることができる。そして受信したり再生した成分は、逆 DCT を実行することでほぼもとの画像の信号に復元できる。

DCT は V_0〜V_7 に対して、k_{mn} により行列演算をして、係数 C_n を求めたことになる。IDCT はしたがって、逆行列演算によって係数 C_n から V_0〜V_7 を求めることで実行できる。

13.3.2 2 次元 DCT

DCT はフィルタであることを学んだ。画像のフィルタは 1 次元と共に 2 次元のフィルタも有効な機能を持っている。同様に DCT も 2 次元で圧縮の機能を持たせることができる。

通常、画像の横方向の DCT と縦方向の DCT を二重に実行して、高い圧縮を得ている。10 倍くらいの圧縮が可能である。このため縦方向も 8 画素で DCT を行うので、画素のデータとしては 8 × 8 の 64 画素分を 1 ブロックと名づけて、1 ブロックを一括処理する構成がとられる。

図 12.8 に、映像のブロック構成を示した。カラー画像の場合は輝度 Y が 4 ブロックと色差 $R-Y$、$B-Y$ が各 1 ブロックの、計 6 ブロックで一括処理する構成がとられる。この 6 ブロックをマクロブロックという。色差の 1 ブロックも 8 × 8 の画素で構成されており、輝度の 4 ブロックに比べて縦横共に画素数は 1/2 に間引かれている。目の解像度は輝度に比べて色のほうが小さいことを

13.3 IDCTと2次元DCT

利用して、圧縮の効果を上げている。

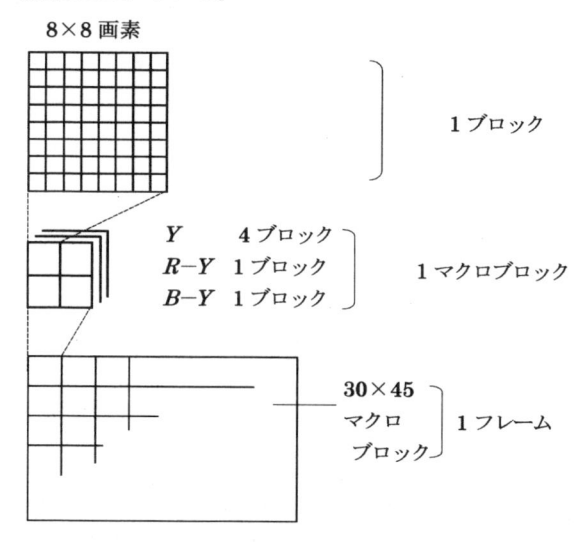

図 13.8 映像のブロック構成

図 13.8 に示すように、1フレームの画面は、縦 30 マクロブロック×横 45 マクロブロックで構成されている。

13.3.3 2次元 DCT の処理手順

2次元 DCT の処理手順をつぎに示した。

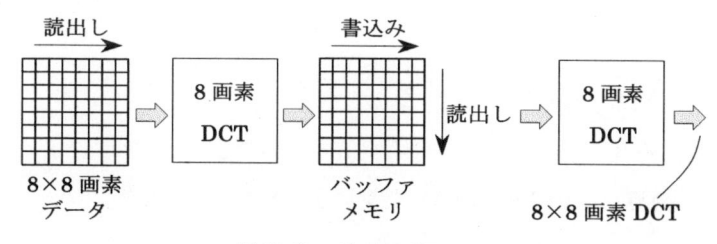

図 13.9 2次元 DCT

1ブロック8×8の画素データの1行目8画素に対して DCT を演算する。結果はバッファメモリの1行目に格納する。つぎに2行目8画素に対して DCT を実行する。結果はバッファメモリの2行目に格納する。同様に8行目まで実行する。

2次元の DCT はバッファメモリの 1 列目 8 画素に対して DCT を演算する。つぎに 2 列目 8 画素に対して DCT を実行する。同様に 8 列目まで実行する。このようにして 1 次元 2 次元を複合した DCT の結果が、列ごとに順次出力されてくる。

13.4 DCT の計算

13.4.1 4 画素のフーリエ級数

(1) 4 画素で構成された信号の成分の周波数を求める。

  誘導 画素番号 m が 0 から 3 までの 4 画素で構成された画面の信号において、基本波は $4T_s$ で半周期となり t が 0 で対称としているから、$8T_s$ で 1 周期である。各成分の振幅を考える。たとえば、4 画素とも白なら周波数が 0 の成分がほとんどであり、白黒白黒と並べば周波数が $3f_s/8$ の成分がほとんどである。成分の周波数はつぎのようになる。

  結果 0、$f_s/8$、$2f_s/8$、$3f_s/8$

(2) 4 画素で構成された信号のフーリエ級数を求める。

  誘導 4 画素で構成された信号は成分の振幅を C_0、C_1、C_2、C_3 とすると結果に示したフーリエ級数で表すことができる。

  結果 $v = C_0 + C_1 \cos(\omega t/8) + C_2 \cos(2\omega t/8) + C_3 \cos(3\omega t/8)$

13.4.2 4 画素 DCT の係数

(1) C_0 を求める。

  誘導 $v(t)$ を振幅 V_m で表すとつぎのようになる。

    V_0、V_1、V_2、V_3

    4 画素の DCT は 4 画素の振幅 $V_0 \sim V_3$ により係数 $C_0 \sim C_3$ を求めることになる。C_0 は m が 0 から 3 までの $4T_s$ 区間における平均値を求めることになる。

    $(V_0 + V_1 + V_2 + V_3)/4$

13.4 DCT の計算

結果は 2 画素 DCT で示したように補正している。

結果　$C_0 = (V_0 + V_1 + V_2 + V_3) / \sqrt{2}$

(2) C_1 を求める。

誘導　m の区間の $\cos(\omega t/8)$ の中間値は、つぎのようになる。

$k_{m1} = \cos\{(2m+1)\pi/8\}$

これを使って C_1 を求める。

結果　$C_1 = (V_0 k_{01} + V_1 k_{11} + V_2 k_{21} + V_3 k_{31})/2$

(3) C_2 を求める。

誘導　m の区間の $\cos(2\omega t/8)$ の中間値は、つぎのようになる。

$k_{m2} = \cos\{2(2m+1)\pi/8\}$

これを使って C_2 を求める。

結果　$C_2 = (V_0 k_{02} + V_1 k_{12} + V_2 k_{22} + V_3 k_{32})/2$

(4) C_3 を求める。

誘導　m の区間の $\cos(3\omega t/8)$ の中間値は、つぎのようになる。

$k_{m3} = \cos\{3(2m+1)\pi/8\}$

これを使って C_3 を求める。

結果　$C_3 = (V_0 k_{03} + V_1 k_{13} + V_2 k_{23} + V_3 k_{33})/2$

参 考 文 献

[第1章]
- 基礎からのビデオ信号処理技術, トランジスタ技術 SPECIAL No.31, オーム社（1992）
- 松雄憲一：デジタル放送技術, 東京電機大学出版局（1997）
- 長坂進夫 他：テレビ・放送技術, オーム社（1998）

[第2章]
- 川上正光：基礎電気回路, コロナ社（1964）
- 小島正典 高田豊：基礎アナログ回路, 米田出版（2003）

[第3章]
- 吉永敦 編：アナログ回路, オーム社（1998）
- 山崎亨：電子回路, 森北出版（2000）
- 小牧省三 編著：アナログ電子回路, オーム社（2002）

[第4章][第5章]
- 基礎からのビデオ信号処理技術, トランジスタ技術 SPECIAL No.31, オーム社（1992）
- 三上直樹：ディジタル信号処理の基礎, CQ出版社（1998）
- 小島正典 高田豊：基礎アナログ回路, 米田出版（2003）

[第6章][第7章][第8章]
- 日本工業標準調査会：JISC5581 VHS方式 12.5 mm (0.5 in) 磁気テープヘリカル走査ビデオカセットシステム, 日本規格協会（1987）
- 基礎からのビデオ信号処理技術, トランジスタ技術 SPECIAL No.31, オーム社（1992）
- 三上直樹：ディジタル信号処理の基礎, CQ出版社（1998）
- 長坂進夫 他：テレビ・放送技術, オーム社（1998）

[第9章]
- 中村尚五：デジタルフィルタ, 東京電機大学出版局（1989）
- 萩原将文：ディジタル信号処理, 森北出版（2001）

[第10章]
- 安田浩 渡辺裕：ディジタル画像圧縮の基礎, 日経BP出版センター（1996）
- 松雄憲一：デジタル放送技術, 東京電機大学出版局（1997）

[第11章]
- 中村尚五：デジタル信号処理, 東京電機大学出版局（1989）
- 三上直樹：ディジタル信号処理の基礎, CQ出版社（1998）
- 萩原将文：ディジタル信号処理, 森北出版（2001）

[第12章]
- 日本工業標準調査会：JISC5581 VHS方式 12.5 mm (0.5 in) 磁気テープヘリカル走査ビデオカセットシステム, 日本規格協会（1987）
- 長坂進夫 他：テレビ・放送技術, オーム社（1998）
- 三上直樹：ディジタル信号処理の基礎, CQ出版社（1998）

[第13章]
- 安田浩 渡辺裕：ディジタル画像圧縮の基礎, 日経BP出版センター（1996）
- 貴家仁志 松村正吾：マルチメディア技術の基礎 DCT入門, CQ出版社（1997）
- 松雄憲一：デジタル放送技術, 東京電機大学出版局（1997）

事項索引

AD 変換　*33, 43*
AM 復調　*159*
AM 変調　*157, 169*

BPF　*58*

C 分離　*58, 84, 140, 142*
cos 波　*23*
cos 変換　*173*

DA 変換　*41, 44*
DCT　*173*

FIR　*63*
FM 復調　*161*
FM 変調　*160, 170*

HPF　*55, 75, 77*

IDCT　*178*
IIR　*89*

LPF　*52, 75, 77*
LSB　*37*

MSB　*40*

NTSC 方式　*12*

PLL　*166*

QPSK の復調　*168*
QPSK の変調　*166*

RGB 画像　*7*
RGB 信号　*11, 15*
RGB 信号波形　*17*

sin 波　*23*

TTL　*11*

VGA　*8*

Y 分離　*54, 82, 137, 139, 144*
YC 分離　*69, 144*

z 関数　*49*

ア　行

イコライズ　*116*
1 次 HPF　*55, 60, 74, 123*
1 次 IIR　*89, 125, 153*
1 次 IIR・FIR 複合フィルタ　*99*
1 次 LPF　*51, 60, 74, 122*
1 次元フィルタ　*131*
移動平均　*132*

色基準信号 *14,155*
色信号 *14*
色信号の復調 *164*
色信号の変調 *162*
インターレース *5*
インパルス *147*
インパルス応答 *121,128,147*

映像信号 *3,12*
映像信号波形 *16*
エイリアシング *35*

折り返し *36*

カ 行

画素 *131*
下側波 *159*
カットオフ周波数 *52,56*
カラー映像信号 *12,30*
カラー映像信号波形 *18*
カラーバー *10*

奇数フィールド *6*
輝度信号 *4,13*
基本波 *27*
逆チェビシェフ *113*
境界 *30*

空間フィルタ *131*
偶数フィールド *6*
櫛形フィルタ *55,59*
繰り返し波形 *27*
クロスカラー *70,140*
クロスカラー除去フィルタ *70*
クロックパルス *35*

高次波 *27*
広帯域 HPF *102*
広帯域 LPF *103*
広帯域 BPF *104*
孤立波形 *27*
コンスタレーション *166*

サ 行

最大平坦 *111*
サイドローブ *82,86*
サンプリング *34*
サンプルホールド *37*

色差信号 *13,162*
周期 *2*
縦続接続 *73*
縦続ノッチフィルタ *81*
周波数 *2*
順次走査 *9*
上側波 *159*

垂直同期信号期間 *7*
垂直フィルタ *136*
垂直ブランキング期間 *7*
水平周期 *5*
水平走査 *5*
水平同期信号 *5,11*
水平フィルタ *131*
水平ブランキング期間 *5*
ステップ応答 *122*
ステップ信号 *133,136*

正弦波 *21,153*
遷移域 *52*
線形フィルタ *134*

事項索引　　　　　　　　　　　　　　　　187

双1次ハイブーストフィルタ　*100*
双1次フィルタ　*100*
双1次ローブーストフィルタ　*101*
側波　*30*
阻止域　*52*

タ　行

帯域　*30*
畳込み　*120*
多段遅延1次HPF　*57*
多段遅延1次LPF　*53*
多段遅延フィルタ　*50*

チェビシェフ　*112*
遅延フィルタ　*47,59*
直交変調　*162*

低域色基準信号　*156*
伝達関数　*26,31,49*

等価パルス　*7*
同期信号　*5,11*
飛び越し走査　*5*

ナ　行

ナイキスト周波数　*35*

2画素DCT　*173*
2次FIR　*63,71*
2次HPF　*65,71*
2次IIR　*94,97,127,154*
2次IIR・FIR　*106*
2次IIR・FIR複合BPF　*108*
2次IIR・FIR複合HPF　*106*
2次IIR・FIR複合LPF　*107*

2次LPF　*64,71*
2次元DCT　*178*
2次元HPF　*145*
2次元LPF　*144*
2次元フィルタ　*136*
任意波形　*28*

鋸波　*151*
ノッチ　*52*
ノッチ付き2次IIR　*109*
ノッチフィルタ　*67,72*

ハ　行

バースト信号　*13,162*
バイアス　*39*
バイアス除去　*40*
ハイパスノッチ　*82,110*
ハイブーストIIR　*91,124*
ハイブーストフィルタ　*78,100*
ハイローブーストIIR　*93*
ハイローブーストフィルタ　*80*
波形　*132*
波形応答　*125,128*
波形の合成　*26*
バターワース　*111*
8画素DCT　*175*
パルスノイズ　*133,135*
パルス波形　*15*
バンドパスノッチ　*84*
バンドブーストIIR　*92,96*
バンドブーストフィルタ　*79*

ピーキング　*94*
非線形フィルタ　*134*

フィードバック　*89*

フィールド 6
フィルタ 131
ブーストフィルタ 76
フーリエ級数 29,32,180
フーリエ分析 28
フェーザー 26
不完全微分波 149
複素数平面 31
符号化 38
符号付加 40,44
符号除去 40
プリエンファシス 115
フレーム 5
プログレッシブ走査 9
ブロック図 34

変調率 158

マ 行

メディアンフィルタ 134

事項索引

モールス符号 1

ヤ 行

有効走査期間 5

4画素DCT 180

ラ 行

量子化 37

連立チェビシェフ 114

ローテータ 26
ローパスノッチ 81,110
ローブーストIIR 90,96,123
ローブーストフィルタ 76,101

小島正典

1967 年大阪大学基礎工学部電気工学科卒業。1967 年三菱電機株式会社入社、2000 年同社プロジェクション統括部次長などを経て退職。同年三菱電機セミコンダクタ・アプリケーション・エンジニアリング株式会社技監、2002 年大阪工業大学情報科学部情報システム学科教授。現在に至る。博士（工学）（1995 年）
著書に「アナログ回路」オーム社（共著）、「基礎アナログ回路」米田出版（共著）などがある。

基礎信号処理 ― AV 機器のディジタルフィルター ―

2003 年 9 月 5 日　初　版
2008 年 9 月 5 日　第 2 刷

著　者……………小 島 正 典
発行者……………米 田 忠 史
発行所……………米 田 出 版
　　　　　　　　〒272-0103　千葉県市川市本行徳 31-5
　　　　　　　　電話　047-356-8594
発売所……………産業図書株式会社
　　　　　　　　〒102-0072　東京都千代田区飯田橋 2-11-3
　　　　　　　　電話　03-3261-7821

Ⓒ Masanori Kojima　2003　　　　　中央印刷・山崎製本所
ISBN978-4-946553-16-5　C3055